NFT
从虚拟头像到元宇宙内核

通证一哥　编著

电子工业出版社.
Publishing House of Electronics Industry
北京·BEIJING

内 容 简 介

元宇宙是人类社会将会进入的世界，NFT 是元宇宙之所以被称为"宇宙"的重要内核。AR/VR、物联网、5G 等技术打造了元宇宙的外在表象，使得人们可以身临其境，进入一个逼真的虚拟世界。NFT 基于区块链技术，使得元宇宙当中的世间万物具有了"唯一性"，这个"唯一性"让虚拟土地、虚拟物品等具有了真实价值。价值流通让虚拟世界中产生了如同现实世界的经济活动，使得虚拟世界变得更加真实，从而可以成为真正的"元宇宙"。

本书从 NFT 化石时代说起，梳理了整个 NFT 行业的发展脉络。书中探寻了具有历史代表性的古董 NFT 项目，剖析了早期 NFT 项目令人惊叹的创新之处，描述了当前 NFT 行业百花齐放的盛况和周边应用，并说明了以 Loot 为代表的可扩展项目对 NFT 行业的革命性推动作用，展望了 NFT 将成为元宇宙最重要的价值基石的未来愿景。

本书通俗易懂，在讲解理论的同时融入了大量项目案例，深入浅出，有理有据，在向读者展现了一个精彩纷呈的 NFT 行业全貌的同时，阐明了 NFT 最本质的价值精髓。

本书作者在区块链及 NFT 领域从业多年，具有深厚的专业知识和产业视野。本书逻辑严谨、层层递进，从理论到实战均有涉猎，非常适合广大元宇宙、区块链、NFT、Web 3 从业者和爱好者阅读。

未经许可，不得以任何方式复制或抄袭本书之部分或全部内容。

版权所有，侵权必究。

图书在版编目（CIP）数据

NFT：从虚拟头像到元宇宙内核/通证一哥编著. —北京：电子工业出版社，2022.8

ISBN 978-7-121-43942-1

Ⅰ.①N… Ⅱ.①通… Ⅲ.①互联网络—通俗读物 Ⅳ.①TP393.4-49

中国版本图书馆 CIP 数据核字（2022）第 119284 号

责任编辑：朱雨萌　特约编辑：刘广钦

印　　刷：三河市华成印务有限公司

装　　订：三河市华成印务有限公司

出版发行：电子工业出版社

　　　　　北京市海淀区万寿路 173 信箱　邮编：100036

开　　本：720×1000　1/16　印张：13.5　字数：218 千字

版　　次：2022 年 8 月第 1 版

印　　次：2022 年 8 月第 1 次印刷

定　　价：68.00 元

凡所购买电子工业出版社图书有缺损问题，请向购买书店调换。若书店售缺，请与本社发行部联系，联系及邮购电话：（010）88254888，88258888。

质量投诉请发邮件至 zlts@phei.com.cn，盗版侵权举报请发邮件至 dbqq@phei.com.cn。

本书咨询联系方式：zhuyumeng@phei.com.cn。

毫不夸张地讲，NFT 正在创造历史。

也许很多人并没有听过 NFT，甚至不知道区块链为何物，但是在未来，NFT 将会与每个人的生活息息相关。尽管 NFT 尚处于极早期的阶段，但是已经爆发出了蓬勃的发展潜力。从当前的状况来看，不管人们是否愿意，NFT 正在"润物细无声"般地走进人们的生活。

说到 NFT，不得不提到"元宇宙"和"区块链"。这两个词是近几年的网络热词，曾经先后在春晚被提及。

可以肯定地讲，元宇宙时代必然会来临，这是人类社会的发展大趋势。

元宇宙以虚拟世界为主体，建造一个纯粹的虚拟世界或者将虚拟世界叠加在现实世界中，其核心思想是推动人类文明由实向虚转变。当前的社会和科技发展已经证明，人们的生活正在逐步变得数字化，人们沉浸在虚拟世界的时间占比越来越大。有很多与人们生活息息相关的案例足以说明这一切：移动支付的普及，让人们几乎不再使用纸币，只需要一部手机就可以走遍天下；短视频平台的兴起，让人们把越来越多的碎片化时间花费在手机屏幕制造的虚拟世界中。这些，仅仅是人类迈入虚拟世界的一个缩影。

另外，现实世界中的一些规则和桎梏限制了一部分人尤其是拥有庞大基数的非精英人群的需求的实现，如被尊重的需求和自我实现的需求等。这些在现实社会未被满足的需求可以在虚拟世界中实现。电影《头号玩家》讲述的就是这样一个场景：在现实世界籍籍无名的男主在虚拟世界中战胜了大反派，并成为最后的赢家。因此，人们渴望在元宇宙带来的虚拟世界中获得新生，不受限制地自由塑造自己的人生。

由此可以预见，元宇宙在不久的将来，一定能够成为现实。

那么，为什么元宇宙的概念在近几年才出现，而在几年前虚拟现实技术兴起之际未成气候呢？其根本原因在于区块链技术。区块链是元宇宙变成现实的最后一块"补天石"。正是因为区块链的加入，才使得元宇宙具有了真正实现的可能性。

元宇宙不仅仅是一个看起来可媲美真实世界的虚拟世界，而且应该是一个具有和真实世界一样的经济内核的文明形态。XR 等虚拟现实技术只能构建元宇宙的外观层，而基于区块链技术的 NFT 和与之相关联的 DeFi、DAO、Web3 等一系列去中心化组件才能构建元宇宙的内核层。

因此，NFT 在元宇宙形成过程中扮演极为重要的角色，充当了元宇宙的根本内核。

NFT 与传统的加密代币有着本质的不同。代币在一定程度上具有货币的属性，因此，必须以同质化为前提，即任意两个代币可以互换，具有相同的价值。不同的 NFT，从根本上讲不是同一个事物。由此可见，NFT 根本不是当前市场上流行的加密代币，不可与其混为一谈。

如果说加密代币定义了虚拟世界的货币，那么 NFT 定义了除货币之外的世间万物。两种均依托于区块链技术，但是后者具有更好的扩展性和更加广阔的应用空间，能够演化出元宇宙当中的一切物体。

从本质上讲，NFT 最具革命性的创新在于为数据打上了独一无二的时间标签。这一点使得虚拟世界的数据不能被随意复制，从而具有了和现实世界中的物质一样的"唯一性"。这种唯一性为在虚拟世界构建一个媲美现实世界的社会经济体系提供了可能性。

从另一个角度讲，NFT 使得虚拟数据具有了时间价值，开辟了传统物理世界空间价值之外的新的价值维度。这种新的价值维度能够使得元宇宙世界构建一套前所未有的价值体系。

简而言之，目前的 NFT 已经在快速"出圈"，深刻影响着艺术、收藏、游戏等领域。未来的 NFT 不只是一个链上的视觉图片，而是成为能够演化出整个元宇宙世界经济价值体系的重要内核。

本书第一篇讲解了 NFT 时代来临的必然性和 NFT 的真正价值所在；第二

篇追溯了 NFT 的起源及一些具有历史意义的 NFT 项目；第三篇阐述了 NFT 标准，以及在其基础上具有创新价值的项目；第四篇说明了 NFT 在各个领域的应用，并剖析了具有代表性的项目；第五篇探讨了包括专用公链、碎片化等一系列围绕 NFT 的周边工具；第六篇展望了可扩展 NFT 的应用前景，并总结了 NFT 在未来所扮演的重要角色。

本书用六篇、19 章内容全面展现了 NFT 的发展脉络，详细阐述了 NFT 的价值内涵和应用场景，从底层深度剖析了 NFT 对于未来元宇宙发展的重要意义。

感谢出版社编辑老师们的辛苦付出，感谢圈内朋友的鼓励和帮助，感谢家人的理解和支持！

感谢每一位为本书出版付出辛勤工作的人！

通证一哥

2022 年 2 月 28 日

目录

第三篇　创新篇

第四篇　应用篇

第六篇　未来篇

第一篇　基础篇

第 1 章

星火燃起，NFT 时代加速来临

不管你是否愿意，NFT 时代已经悄然而快速地来临。当区块链的金融属性在全球遭受监管争议的时候，NFT 以其强落地应用的特点正快步走进主流世界。未来，NFT 将成为基于区块链技术的又一项重要应用而被大众接受。

1.1 区块链面临落地困境

区块链诞生之初，因极具创新性和颠覆性，曾被人们寄予厚望。时至今日，尽管取得了一些应用成果，但是，区块链的潜力并没有爆发。换言之，区块链的总体应用状况并没有达到大家的预期，真正的杀手级应用并没有出现。

区块链的基本思想是去中心化，这一点与已经在当前社会根深蒂固的中心化运作方式存在对立，因此，在重要的命脉领域，区块链势必会面临现行机制的警惕甚至围剿。

有人退而求其次，提出了"弱中心化"的观点，目的是为区块链寻找一个折中的可落地方案。这种提法具有一定的道理，也符合当前区块链行业发展的实际情况。但是，从目前的实践探索来看，区块链的发展仍然面临重重困境。

1．难以撼动金融

人们普遍认为，区块链技术将率先改造金融行业，即所谓的"技术驱动金融"。但是，近几年的实践表明，去中心化金融落地面临诸多难题。

1）难以挑战国家铸币权

铸币权是一个国家最重要的主权之一，关系着经济命脉。

比特币诞生于 2008 年金融危机之际，旨在建立一个不滥发货币的新的全球金融秩序。尽管其极具创新性且愿景宏大，但是世界上绝大多数主权国家均不接受其作为"货币"而存在，更多的是将其定义为一种资产或商品。比特币的货币属性引发了世界各国央行的高度警惕，因为它一旦在本国流通，将可能干扰金融秩序，危害金融稳定。

铸币权是各国行使经济宏观调控的重要前提，尤其对发展中国家而言，要时刻保持货币发行状况的灵敏调整，以避免美元霸权的金融掠夺。

因此，在这一点上，除了萨尔瓦多这样极其特殊的国家，世界各国均对比特币保持一致态势，既不承认比特币的货币属性，也不将其作为法定货币使用。

2）难以挑战证券发行权

证券发行权相当于企业的"铸币权"，证券发行的主要目的在于向社会融资。

2017 年兴起的 ICO（Initial Coin Offering，首次代币发行）是众多区块链项目募资比特币、以太坊等通用数字货币的主要方式，其本质和股票发行类似，都是通过出售股份来筹集资金的。ICO 和股票发行的主要不同点在于，ICO 不需要注册经营牌照，且因缺乏审计而具有较大的风险。

因此，在大部分国家，为避免影响金融稳定，均已明确颁布 ICO 禁令。在一部分对加密货币较为开放的国家，如美国、新加坡等，由于通证具有类似于证券的属性，所以，将其纳入证券法进行监管，即所谓的 STO（Security Token Offering，证券型通证发行）。

STO 曾经火热过一段时间，但是迄今为止，世界上真正通过 STO 成功的项目屈指可数。STO 未成气候的根本原因是来自传统证券市场的狙击。

尽管前景看似光明，但是从目前看来，在传统证券市场，区块链可改造的程度有限。

3）难以挑战政府监管权

2020 年风靡一时的 DeFi 吹响了去中心化金融的号角，人们看到了新型金融优于传统银行的诸多优势。

DeFi 采用智能合约，优化了原本由银行或金融机构承担的中介职能，并将它们的利润分摊给了用户。相对于传统的银行或金融机构，用户在借贷时无须纷繁复杂的抵押手续，可以快速质押加密资产（如 ETH 等），并获得稳定币（如 USDT 等）贷款。同时，用户持有生态通证，还可以充当"股东"角色，参与项目生态治理（管理和运营）。

但是，一旦 DeFi 存在智能合约漏洞被黑客攻击，或者出现"黑天鹅事件"，用户资产将面临巨大风险。因为没有监管机构的存在，用户需要自行判断风险并承担所有损失。相对于传统的借贷市场，加密借贷市场的资金被盗和"黑天鹅事件"屡见不鲜，非职业玩家面临数倍于传统借贷市场的风险。

因此，尽管 DeFi 在某些方面比传统金融具有更多优势，但是由于缺乏政府监管，普通用户对其的接受度仍然较低。

2．技术应用有限

除了金融领域，区块链在其他领域的应用也比较有限。作为一门技术，区块链仅可以充当一个用以存储数据的分布式数据库。区块链存储数据具有不可篡改的特性，根据这个特性可以衍生出一些应用领域。

1）存证防伪

区块链能够通过时间戳证明数据产生或更新的时间，使得数据完全公开透明，任何人无法篡改，而且可以回溯，因此，可以在防伪溯源、司法存证、身份证明、产权保护等领域进行应用。

在防伪溯源领域，通过对食品、农产品、药品等各类商品供应链进行跟踪并记录上链。在知识产权领域，可以对文字、图片、音频、视频等内容进行确权。

但是，对用户来讲，在缺乏区块链认知的情况下，可能更加信任权威机构的数据，而不是链上数据。在这种背景下，链上存证能够发挥的作用相对有限。

2）数据存储

当前，随着 5G、物联网、AR/VR、AI 等高新技术的发展，数据量呈指数级增长，当前传统的中心化数据存储方式面临巨大压力。在这种状况下，基于区块链技术的分布式存储有望迎来新的解决方案。

分布式存储当前仍处于起步阶段，在性价比不明朗的情况下，是否比中心化的存储方式更有竞争优势尚且无法定论。

3）数字政务

基于区块链的智能合约，可以在一定意义上简化政务流程。办事人员只要在一个部门通过身份认证及电子签章，智能合约就可以自动处理并流转，顺序完成后续所有审批和签章。

区块链发票是国内区块链技术最早落地的政务类应用。税务部门推出区块链电子发票平台，税务部门、开票方、受票方通过独一无二的数字身份加入区块链网络，可以实现秒级开票、分钟级报销入账，可以降低税收征管成本，并且解决数据篡改、一票多报、偷税漏税等问题。

但是，这只是众多政务中的一环而已，要想全面推进政务简化，仍然需要持续探索。

以上区块链应用虽然在某些方面具有一定的效果，但是总体而言，应用面不广，成熟度有待提升。

从根本上讲，上述应用均依赖联盟链实现，难以激活所有参与者尤其是用户的参与动力。因此，基于区块链的激励经济无法落地应用，极大地限制了区块链的应用场景。

1.2　NFT 开启出圈之路

在以金融为主的区块链应用面临落地困境之际，NFT 逆势增长，加速破圈。

NFT 的字面定义是非同质化通证，但其本质并非通证，这使得其具备较弱的金融属性，从而和强金融属性的同质化通证区分开来。正是因为这一点，NFT 具有了除金融外的更多应用领域，具备了更加丰富的想象力。

最重要的是，NFT 的弱金融属性使其大幅度减少了监管阻力。因此，NFT 在市场上表现出色，而且在未来具有极为广阔的发展空间。

1．拍卖市场热点不断

在拍卖市场上，NFT 作品曾屡屡拍出高价，吸引了人们的关注，尤其是传统知名拍卖行的助力，更让 NFT 被传统高净值人群所熟知。

1）第一条推文以 250 万美元成交

2021 年 3 月 6 日，推特联合创始人、首席执行官杰克·多西（Jack Dorsey）将其发布的有史以来第一条推文以 NFT 形式在 Valuables 平台进行拍卖。

这条推文的发布时间是 2006 年 3 月 21 日，内容为 "just setting up my twttr"（中文意思是 "刚刚设置好了我的 Twitter"），如图 1-1 所示。

图 1-1　第一条推文（来源：@jack）

经过激烈的竞价，Bridge Oracle CEO 埃斯塔维（Sina Estavi）以 2915835.47 美元的报价胜出，该报价是起拍价的 2.5 倍。

"这不仅仅是一条推文！"埃斯塔维在事后称，"我想多年以后人们会意识到这条推文的真正价值，就像蒙娜丽莎的画作一样。"

推文的拍卖成功让人们知道了 NFT 赋予了数字商品价值的可能性。

2）*Everydays: The First 5000 Days*

2021 年 3 月 11 日，英国拍卖平台佳士得（Christie's）所拍卖的第一个数

字收藏品 *Everydays：The First 5000 Days* 以接近 7000 万美元（69 346 250 美元）的价格拍卖成功，如图 1-2 所示。

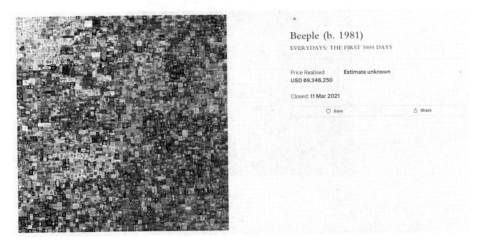

图 1-2　*Everydays: The First 5000 Days*（来源：佳士得网站）

佳士得称，该拍卖价格是仍然在世的艺术家所拍卖作品的第三高，它也是全球知名拍卖平台首次卖出第一个基于 NFT 的艺术品，创下网络拍卖所缔造的最高价格。

Everydays：The First 5000 Days 由美国数字艺术家 Beeple（真名 Mike Winkelmann）创作。Beeple 自 2007 年 5 月 1 日开始，每天都会创作一幅数字图片，该过程不间断地坚持了 13 年半，这幅作品是其过去 5000 天每天创作的数字作品的集合。

Everydays：The First 5000 Days 的拍卖成功推动了 NFT 艺术品走进传统艺术圈。

3）CryptoPunks

2021 年 5 月，英国拍卖平台佳士得（Christie's）对 9 枚 CryptoPunks 头像进行打包拍卖，最终以 1700 万美元天价成交，如图 1-3 所示。

2021 年 10 月，另外一家世界著名拍卖行巨头苏富比（Sotheby's）对 CryptoPunk #7523 进行现场拍卖，最终以 1180 万美元成交，创下 CryptoPunks 单枚拍卖史上最高拍卖价纪录，如图 1-4 所示。

图 1-3　佳士得拍卖的 9 枚 CryptoPunks 头像

图 1-4　CryptoPunk #7523（图片来源：苏富比网站）

CryptoPunks 开创了传统拍卖行拍卖 NFT 收藏品的先河，推动加密收藏品走向传统收藏圈。

除上述 NFT 拍出天价外，还有很多 NFT 作品在拍卖市场收获了不菲的价值，在此不一一列举。

2. 资本巨头争相布局

就在拍卖市场屡曝天价的同时，资本市场也在积极布局 NFT，众多加密资本和传统资本纷纷出手，掀起了一阵 NFT 投资狂潮。

据不完全统计，截至 2021 年 10 月，全球 NFT 相关产业发生 201 起融资事件，其中 153 起透露具体融资数额，其余融资总额达到 40 亿美元。

以下为部分知名资本及其 NFT 布局状况介绍。

1）A16Z

A16Z（全称 ANDREESSEN HOROWITZ，16 是 "Andreesen Horowitz" 的首字母和尾字母之间的字符数）是一家位于加利福尼亚州硅谷的风险投资机构，由 Marc Andreessen 与 Ben Horowitz 创立，目前管理着 188 亿美元资产，共有 7 支基金，其中包含 3 支加密基金。

在 NFT 领域，A16Z 投资的项目有 OpenSea、Dapper Labs、Virtually Human Studio 和 Bitski 等。

2）Digital Currency Group

Digital Currency Group（DCG）是大名鼎鼎的灰度投资 Grayscale 的母公司，曾被美国《时代》周刊选为 2021 年最具有影响力的 100 家公司之一。

在 NFT 领域，DCG 投资的项目有 Dapper Labs（FLOW）、Decentraland（MANA）、Metaverse AI、Big Time Studios、NFTBank.ai 和 Wilder World 等。

3）Coinbase Ventures

Coinbase Ventures 由 Coinbase（美国目前最大的加密货币交易所）创立，专注于加密项目的早期投资。

在 NFT 领域，Coinbase Ventures 投资的项目有 Animoca Brands、Rarible、Zora、OpenSea、Dapper Labs 和 Genies 等。

4）Polychain Capital

Polychain Capital 创立于 2016 年，曾获得 A16Z、Sequoia Capital 和 Union Square Ventures 等知名风投机构 2.5 亿美元的投资。

在 NFT 领域，Polychain Capital 投资的项目有 Taker Protocol、Nifty's 和 Genies 等。

5）Galaxy Digital

Galaxy Digital 由华尔街传奇亿万富豪 Mike Novogratz 创办，资金管理规模超过 1.4 万亿美元。

在 NFT 领域，Galaxy Digital 投资的项目有 Mythical Games、Republic Realm 和 RTFKT 等。

6）Alameda Research

Alameda Research 由加密交易平台 FTX 的创始人 Sam Bankman-Fried（SBF）在 2017 年创立，管理着超过 10 亿美元的数字资产。

在 NFT 领域，Alameda Research 投资的项目有 Big Time Studios、Only1、REALY 和 Persistence 等。

7）Animoca Brands

Animoca Brands 是区块链游戏和 NFT 开发商，旗下游戏包括 The Sandbox、F1®Delta Time、MotoGP Ignition™等。Animoca Brands 同时也从事加密领域的投资业务。

在 NFT 领域，Animoca Brands 投资的项目有 Alien Worlds、Yield Guild Games、Dapper Labs、Axie Infinity 和 WAX 等。

8）CoinFund

CoinFund 是一家专门针对加密货币初创企业的投资集团，旗下有三支基金，其中一支主要投资 DeFi 和 NFT 项目。

在 NFT 领域，CoinFund 投资的项目有 Rarible、Flow、Dapper Labs 和 EthBlockArt 等。

9）Dapper Labs

Dapper Labs 是一家加拿大的区块链游戏服务商，曾经推出过 CryptoKitties、NBA Top Shot、FLOW 公链等火爆的产品。在获得巨额融资的同时，Dapper Labs 参与区块链项目的投资。

在 NFT 领域，Dapper Labs 投资的项目有 Nifty's、Infinite Objects、Tibles 和 Genies 等。

10）AU21 Capital

AU21 Capital 是位于硅谷的亚洲、美国风险投资基金，投资于早期的区块链创业项目。

在 NFT 领域，AU21 Capital 投资的项目有 CryptoArt.Ai、DeRace、Hodooi、Mozik 和 NFTMart 等。

11）Samsung Next

Samsung Next 创立于 2017 年，由韩国三星公司斥资 1.5 亿美元成立，主要投资于人工智能、区块链和金融科技等领域。

在 NFT 领域，Samsung Next 投资的项目有 Animoca Brands、Dapper Labs、Flow、SuperRare 和 Nifty's 等。

12）SNZ Holding

SNZ Holding 是由以太坊社区的早期参与者 Haihua 创办的，除了加密基金，同时也是咨询机构和社区建设者。

在 NFT 领域，SNZ Holding 投资的项目有 Animoca Brands、Flow、X World Games、REALY 和 Treasureland 等多个 NFT 项目。

3. 搜索指数持续走高

Google Trend 显示，自 2021 年以来，NFT 一词在 Google 的搜索热度持续上升，如图 1-5 所示。这个数据反映了人们对 NFT 关注度的持续增加，也意味着 NFT 的覆盖人群越来越广，越来越被大众所熟知。

图 1-5　NFT 搜索热度（来源：Google Trend）

第 2 章

正本清源，NFT 到底是什么

NFT 的本质是什么？NFT 的价值在哪里？当前市场上流行的对 NFT 的定义和解读并不能揭示 NFT 的本质。要想真正理解 NFT，必须追根溯源，从人类社会的价值起点去进行深度探寻。

2.1 NFT 的概念来源

NFT 的全称为 Non-Fungible Token，中文译为非同质化通证（或不可替代通证）。从字面来看，该名称意在区别于 Fungible Token，即同质化通证。

因为 Fungible Token 较早出现且已被大众熟知，所以，一般情况下通证（Token）指代同质化通证（Fungible Token），而非同质化通证（Non-Fungible Token）用专有名词 NFT 来表述。

由此可见，在当前普遍流行的认知共识中，通证一词不包括 NFT，不是 NFT 和 FT 的统称。通证和 NFT 是两种完全不同的概念。

在既定的认知前提下，要想理解 NFT，必须先理解通证。

1．通证的由来

1）从 Cryptocurrencies 开始说起

在比特币（Bitcoin）出现之前，就已经有很多 Cryptocurrencies 存在了。Cryptocurrencies 是一种使用密码学加密的数字或虚拟化的货币。

比特币代表了首个利用区块链技术发行的去中心化加密货币，通过一个公开的分类账本，也就是区块链技术，按照时间顺序记录和验证所有的交易。由于其首创的分布式和去中心化的特性，它的出现是 Cryptocurrencies 领域的一个重要里程碑。从某种意义上讲，比特币才是真正的 Cryptocurrencies。

所以，在一般情况下，Cryptocurrencies 指的是比特币出现之后的，包含比特币在内的一系列加密数字货币。

2）Coins 和 Alcoins

在比特币出现之后，陆续出现了 Litecoin、Dogecoin 等一系列参照比特币的方式发行的 Cryptocurrencies。于是加密货币社区认为比特币是唯一 Coin，其他的称为 Alcoin（山寨币）。

3）Coins 和 Tokens

Ethereum 出现之后，基于其智能合约可以发行 Cryptocurrencies。这类 Cryptocurrencies 具有与网络通信中"Token"类似的作用，于是加密货币社区将此类 Cryptocurrencies 称为"Token"。

为了简便区分，将 Coin 和 Alcoin 统称为 Coin，与其对应的是 Token。

参考 Coinmarketcap 网站的做法，进行简单划分。将 Cryptocurrencies 分为 Coin 和 Token 两类。

Coin 是指拥有自己的独立的区块链平台的基础链项目所发行的 Cryptocurrency，具备货币属性。

Token 是指基于某个基础链系统层面的区块链应用项目的 Cryptocurrency，具有"权益凭证"的属性。

4）Token 的中文翻译

"Token"最开始翻译为"代币"。自 2017 年以来，全球数字货币资产暴涨，财富效应引发各阶层跑步进入区块链世界，躁动、争议、妖魔化也随之而来，"代币"一词被更多地蒙上了负面色彩。而且，"代币"一词不能全面、准确地概括"Token"的属性。

2017 年，国内的孟岩首次把"Token"翻译成"通证"，意思是就是"可流通的加密数字权益证明"。"通证"的译法在国内得到了广泛认可。因此，在本书中均以"通证"指代"Token"。

2．通证的发展

通证的发展大概分为 3 个阶段，如图 2-1 所示。

图 2-1　通证发展阶段图

1）令牌环网阶段

令牌环网（Token-ring network）最早在 20 世纪 70 年代由 IBM 公司建立，是 IBM 的网络标准。令牌环网的传输方法在物理上采用星形拓扑结构，但逻辑上仍是环形拓扑结构，可以称之为物理星形逻辑环形拓扑。

在令牌环网中存在一个令牌（Token），它沿着环形总线在入网节点计算机间依次传递。令牌本身不包含任何信息，仅用来控制信道的使用，确保在同一个时刻只有一个节点能够占有该信道。

令牌在工作中有两种状态："闲"和"忙"。"闲"时说明令牌没有被占用，即网络中没有计算机在传输信息，则令牌会环绕行进；"忙"时表示令牌已经被占用，即网络中有信息正在发送。

如上所述，我们可以知道令牌的作用就是：保证数据在网络中传输数据时不会发生碰撞；提高数据的传输效率。"Token"在这里就相当于权利，有了令牌就有了传输信息的权利，就可以在网络中传输信息。

2）ICO 阶段

以太坊出现后的 ICO（Initial Coin Offering，首次代币发行）阶段，通证主要作为出资凭证，类似于"股权"。基于以太坊提供的智能合约，开发者可以发行自己的通证。在这个阶段，通证最大的作用就是募资。

作为募集以太坊的凭证，通证实现了 ICO 流程的自动化。项目方通过智能合约进行设定，每投入一定量的 ETH，就会按照一定的比例发放项目通证。这里的通证就是未来项目上线后的投资证明，代表升值权和分红权。

在这个阶段中，投资者通过参与 ICO 获得了通证，等该项目落地后投资者可以拿通证行使"股东"权益。同时，通证还可以在交易平台进行流通。

3）DAO 时代

在 DAO（Decentralized Autonomous Organization，去中心化自治组织）时代，通证除了"股权"，被更多地赋予了"治理权"。DAO 可以实现全球范围内的大规模协作，相对于传统公司制而言，扩大了组织边界。DAO 通过通证进行治理，参与者使用通证可以进行投票、仲裁等集体决策活动。

在这个阶段，通证被赋予了更多的权益，演化成了广义上的具备信任基础的价值符号或凭证。

3. NFT 与 FT 的区别

NFT 与 FT 的区别在于是否具有可替代性，如图 2-2 所示。

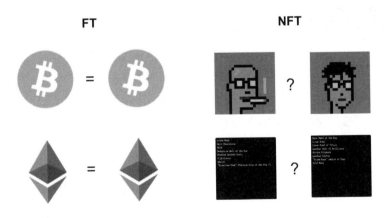

图 2-2　FT 与 NFT

FT 之间具有可替代性，即每枚通证都具有相同的价值，是可以任意互换的。

例如，用户 A 持有 1 枚比特币，用户 B 持有 1 枚比特币，他们各自拥有的比特币的价值是完全相同的。假设用户 B 将其持有的 1 枚比特币转给用户 C，用户 A 将其持有的 1 枚比特币转给用户 B，对于用户 B 来讲，转移前后其仍然持有 1 枚比特币。虽然从严格的技术意义上讲，用户 B 持有的 1 枚比特币发生了替换，但是这种替换是被人们的广泛共识所接受的。对于用户 B 而言，替换前持有 1 枚比特币，替换后仍然持有 1 枚比特币，由于每枚比特币对应的价值完全相同，因此，替换前后用户 B 持有的资产价值没有任何改变。这就是 FT 的可替代性。

对于 NFT 而言，每枚 NFT 都是不同的，因此，相互之间不具有可替代性。同时，每枚 NFT 之间的价值也不尽相同。

以 CryptoPunks 为例，该系列 NFT 由 1000 枚不同的 24 像素×24 像素头像组成，从编号#0 到#9999 均具有不同的相貌特征。其中，一部分头像由于数量更加稀缺，相对于其他头像具有更高的价值。

因此，NFT 与 FT 的主要区别是每个 NFT 是不同的，是无法相互替代的；而 FT 都是相同的，同样数量的 FT 是可以任意替代的。

2.2 重新定义 NFT

1. NFT 不是代币

由于 NFT 的名称是为了区别于 FT 而设立的，所以，人们往往认为 NFT 是"Token"的一种。同时，"Token"一词在"通证"的译法出现之前被译为"代币"，因此很多人误认为 NFT 是代币的一种。

这种观点具有严重的认知误区。如果这种观点被盲目传播，很有可能对监管造成误导，从而扼杀一个完全不具有 FT 潜在风险的极具潜力和价值的创新事物。

可以肯定地讲，NFT 绝不是"代币"，也不具备任何"代币"特征。NFT 与 Token、代币的关系如图 2-3 所示。

NFT　?　Token　?　代币

图 2-3　NFT 与 Token、代币关系图

可以从以下从两方面进行阐明。

第一，Token 不等同于代币。代币属性仅是 Token 的一小部分属性，将 Token 译为代币使得 Token 的金融属性被过度放大。一旦某个事物包含"币"的概念，则其必然与金融产生较强的关联，从而具有了威胁金融安全的潜在风险。因此，"代币"的译法片面强调了 Token 的金融属性甚至货币属性，自然应当接受金融监管。

事实上，Token 应该视为一个令牌，是一个网络的通行证。尽管在 2017 年的 ICO 狂潮中，Token 主要表现为金融角色，但是随着区块链的发展和成熟，Token 拥有了组织治理角色。因此，盲目将 Token 视为代币的做法已经不合时宜。

第二，NFT 不是 Token。NFT 名为 Non-Fungible Token，实则与 Token 具有本质的不同。Token 属性在 NFT 的所有应用中仅占极小的部分，甚至在绝大部分情况下，NFT 不具备任何 Token 属性。

NFT 不能作为交易媒介和价值尺度，它没有 Token 的货币属性，仅仅在用作会员资格或行使网络权利时充当权益凭证。

NFT 最重要的属性是数字商品，NFT 的本质是具有稀缺性的数据，该数据独一无二。基于这一点，NFT 具有了在虚拟世界塑造世界万物的可能性。

对于 NFT 收藏品而言，收藏才是其最主要的应用场景，而不是作为一种流通的 Token。对于 NFT 艺术品而言，更多的是艺术价值的加持，同样不是用于流通凭证。

因此，对于 NFT 应用最广的收藏品和艺术品来说，Token 属性只是其具有的和普通商品一样的最基础可交易的属性而已。NFT 最重要的价值在于其作为

数字商品本身的价值，而不是 Token 价值。从这个意义上讲，NFT 不是 Token。

在绝大多数国家，比特币等加密货币均被定义为资产或商品，FT 尚且如此，NFT 更无须争论。

2. NFT 定义的逻辑误区

NFT 的定义与去中心化的定义一样，存在一个严重的逻辑误区。这个逻辑误区不易被察觉，但是却对我们认知事物的本质造成了巨大的障碍。

"去中心化"这个定义之所以出现，是因为先有"中心化"这个定义。在"中心化"前面增加"去"字，试图与中心化进行区分。这种状况会给人们带来一种错觉，那就是先有中心化，后有去中心化；中心化是一个旧事物，而去中心化是一个新事物；去中心化是对中心化的颠覆和革新。

事实上，宇宙的本源本身就是去中心化的，大自然的演变是去中心化的，生物的进化也是去中心化的。相反，人类在进化过程中为了提高效率，却走出了中心化发展的路线。由此可见，世界本来就是去中心化的，中心化反而是一个异常产物。人类协作方式的发展是先有去中心化，再有中心化，中心化是对去中心化的打破和推翻。

因此，更准确的叫法应该是分散式和集中式，而不是去中心化和中心化。

同样的道理，NFT 的定义之所以出现，是因为先有 FT 的出现。中本聪在 2009 年推出了比特币，FT "先入人心"。接着，人们试图基于比特币这样的区块链建立 NFT，Namecoin 上的诸多早期 NFT 作品就是以太坊和 ERC721 标准出现之前的思想实践。由此可以看到一种假象，那就是先有比特币这样的 FT 出现，后有 NFT 出现。

然而，事实并非如此。早在中本聪提出比特币的若干年前，时间戳技术已经被发明。该技术试图为数据打上时间标识，即创造出数据的唯一性，这与 NFT 的思想不谋而合。因此，正确的顺序应该是先有数字商品，再有可相互替代的同质化商品充当数字货币。

回顾人类的货币发展史，逻辑同样如此。开始，人们各自生成自己所需的物品，然后以物易物进行物品交换，最后发明了可以相互替代的同质化商品

（如黄金、白银等）充当货币。所以，货币也被称作一般等价物，是一种同质化的商品。

从这个意义上讲，数字商品的发展应该是先有 NFT，即数字商品，再有 FT 这种同质化的数字商品。

因此，更准确的叫法应当是数字商品和同质化数字商品，而不是 NFT 和 FT。

2.3　NFT 如何创造价值

1. 价值如何产生

价值从何而来？从本质上讲，价值来自两个方面，一是稀缺程度，二是需求程度，世间万物均是如此。

一个事物如果仅有稀缺性而没有需求，那么它是没有价值的。从某种意义上讲，世间万物都是独一无二的，都是稀缺的，但是它们不都具有价值。例如，秋天的落叶，每一片都不同，但是人们不需要它们，因此没有价值。

有的事物虽然有需求，但是没有稀缺性，故而没有价值。例如，地上的黄土，虽然具有某些功能，但是因为其取之不尽、用之不竭，因此也没有价值。

一项事物的价值可以用需求程度和稀缺程度的比值来衡量，价值公式如图 2-4 所示。

$$\frac{需求程度}{稀缺程度} = 价值$$

图 2-4　价值公式

当某个事物符合以下两种情况时，它的价值升高：

（1）数量恒定且需求增加。

（2）数量变少且需求增加。

当某个事物符合以下两种情况时，它的价值降低：

（1）需求恒定且数量变多。

（2）需求降低且数量变多。

当供不应求时，价值上升；当供过于求时，价值下降。同时，这也是最基本的经济规律。

区块链行业有一句话——"价值的本质是共识"。那么，共识如何而来？共识的本质是需求的共识，即共同需要某一项实物的共识。当供应量恒定或缩减时，需求增长带来了价值的增长。在这个过程当中，区块链最重要的作用在于用技术手段保证了供应量的恒定上限。

2. NFT 创造时间稀缺性

在现实世界中，神奇的自然界已经造就了每个事物的稀缺性。德国哲学家莱布尼茨说："世上没有两片完全相同的树叶。"叶子由细胞形成，细胞由分子形成。叶子里有无数的细胞，细胞里有无数的分子。这些分子和细胞的结构和排列不可能完全相同。世间万物，没有任何两个东西是一模一样的。

在人类演变的漫长过程中，贵金属黄金的稀缺性成为人们的最大共识。马克思在《资本论》中写道："货币天然不是金银，但金银天然就是货币。"在距今一万年前的新石器时代，人们就发现了黄金。黄金除了最重要的稀缺性，还有性能稳定、易于分割等特性，因此被人们作为储藏价值的载体。

随着社会的发展，金本位的金融制度确认，黄金被赋予人类社会经济活动中的货币价值功能。随着金本位制的形成，黄金承担了商品交换的一般等价物，成为商品交换过程中的媒介。

作为能够承载价值的一般等价物，黄金极大地促进了人类社会经济的发展。黄金能够获得今天的地位，最核心的因素在于其具有"稀缺性"。具有稀缺性，是一个事物能否承载价值的重要前提。

在数字世界中，莱布尼茨的论断似乎不完全适用。一串记录在计算机中的字符（文字或代码）被复制后，复制品和原字符看起来并无任何差异。字符不是由细胞排列组成的，同样的字符背后的计算机语言完全一致。那么，复制的字符和原字符真的一样吗？答案是否定的。

古希腊哲学家赫拉克利特提出的"人不能两次踏进同一条河流"的论断可以帮助我们找到答案。赫拉克利特认为，河流是不断变化的，你现在踏入的河流和下一秒踏入的河流严格意义上不是同一条河流。在数字世界中，时间是不断变化的，创造原字符和复制后的字符的时间点是不同的，因此，从本质上讲，这两个字符是不同的。

但是，在区块链技术出现之前，人们无法在可信的前提下记录数据内容的时间，包括字符、文章、图片等。这里的可信指的是绝对的可信。中心化平台看起来可以实现数据内容时间的标记，但是这个时间能够被中心化数据库的管理者任意篡改，是不可信的。尽管时间戳技术早已问世，但是仍需要基于可信的第三方才能实现。一旦需要依赖第三方，则该记录被认为是不可信的。因此，真正的可信是在去中心化的前提下为数据打上时间标记，而且这个标记被所有网络节点所认可，区块链实现了这一点。

NFT 的核心价值在于利用区块链技术将虚拟商品打上时间标记，让虚拟世界的每件商品都具有稀缺性。正是因为其具有稀缺性，才使得虚拟世界可以完全媲美现实世界。虚拟商品有了稀缺性，再加上需求共识，就可以产生价值，从而产生交易，由此产生经济活动，使得元宇宙成为真正的"宇宙"。

CryptoPunks 是一组 24 像素×24 像素的虚拟头像，如图 2-5 所示，其中最稀有的"外星人"头像曾在佳士得以千万美元成交。很多人不解，一个能被无限复制的 jpg 格式的图片为何能拍出近亿元人民币的天价。答案很简单，复制的图片已经不是原来的图片了。曾有人在 BSC 链复刻了 CryptoPunks，即发行一模一样的 CryptoPunks，但是其价值和原版 CryptoPunks 天差地别。

图 2-5　CryptoPunks（来源：Larvalabs 网站）

原版 CryptoPunks 由 Larvalabs 团队在 2017 年基于以太坊发行，由区块链记录其发行时间，无法篡改。现在复制的 CryptoPunks，即使也存放在区块链上，但时间标记也无法标记在 2017 年，而只能标记为当前时间（区块链用技术保证了诚实可信，无法被人为操控）。大家试想一下，2021 年的 CryptoPunks

和 2017 年的 CryptoPunks 很显然是两个完全不同的东西。以古玩为例，唐朝的一个花瓶和现代的同样外形、材质的花瓶的价值是不能相提并论的。不同的是，实物的创造时间需要古玩专家或仪器进行鉴定，而对图片数据来说，区块链直接可以为其打上时间标记，而且这个时间标记不能作假、不可篡改。

虽然 BSC 链上复刻的 CryptoPunks 与 CryptoPunks 完全一样，但是两者价值相差甚大。它们之间最本质的差别在于上链时间差异，CryptoPunks 在 2017 年上链，而 BSC 版 CryptoPunks 在 2021 年上链。这两个时间公开透明地写在区块链上，所有人可见且无法篡改，这正是造成两者具有不同价值的根本原因。

在传统的虚拟世界游戏中，如每块虚拟土地、虚拟装备都是一样的，同类物品之间没有差异，可以不断复制和产生。即使对玩家来说，可以被限制数量，但是对游戏开发者来说，增加虚拟物品数量是轻而易举可以做到的，几行代码就可以生成一块新的领地，或者改动一个数字就可以生成新的道具，只要服务器空间允许，就可以源源不断地生成。因此，这种虚拟商品是没有任何价值的，因为其不具备稀缺性。需要说明的是，被游戏开发商赋予的稀缺性是不可信的，如果游戏服务商倒闭或者停止运营，则虚拟物品化为乌有。

反之，如果虚拟土地、虚拟道具、虚拟穿戴、虚拟建筑等所有现实世界的物品都用 NFT 建立在区块链上，它们不受应用平台的控制，不会被擦除，而且每个都是独一无二的，每个都有获得价值的可能性，可以想象，在这种场景下，再辅以先进的感官感知技术，这将是一个完全媲美真实世界的第二世界，也就是真正的元宇宙。

因此，稀缺性是元宇宙的价值根基，而 NFT 通过区块链技术实现了这一点。NFT 可以在虚拟世界构建世间万物，将万物虚拟化、加密化，并保证每个物品的唯一性，从而为元宇宙构建提供价值基础。

3．空间价值和时间价值

简单而言，NFT 的价值是时间价值。时间价值是相对于空间价值而言的，是一个新的价值维度，如图 2-6 所示。

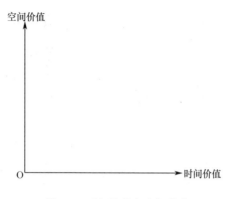

图 2-6　时间价值与空间价值

现实世界当中的实物的价值都是空间价值。空间价值有两种，绝对空间价值和相对空间价值。

绝对空间价值指的是像土地、房产这样的不动产因具有绝对的空间位置所具有的价值。它们所占据的绝对空间位置在现实世界是唯一的，同时，该空间位置承载诸如交通、学位、环境这样的稀缺资源，因此它们具有价值。

相对空间价值指的是像黄金、收藏品这样的具有特殊的物理或化学形态的物品所具有的价值。所谓相对空间，指的是构成这些物体的最小单位直接的相对距离。这些物体正是因为分子结构不同，而最终呈现出不同的物理形态，不管是天然形成还是人工加工所致。

从科学的角度更加严谨地讲，我们首先要承认构成任何物体的最小单位都是相同的。以黄金和石头举例，虽然两者的物理形态不同，但是微观状态的最小单位都是夸克。两者之所以形态不同，是因为构成两者的夸克之间的相对空间位置不同。

首先，不同物体的分子结构不同，各个分子间的相对位置不同；分子之所以不同，是因为构成分子的原子不同；原子之所以不同，是因为组成原子的原子核及电子的排列不同；原子核之所以不同，是因为构成原子核的质子和中子不同；质子和中子之所以不同，是因为构成它们的夸克之间的相对位置不同。

因此，从本质上讲，夸克以不同的相对空间位置进行组合，构成了世间上所有实物的不同形态，从而使得它们的价值不同。

但是，在虚拟世界中，我们无法界定虚拟数据的空间价值，因为数据可以被挤压在像硬盘这样很小的空间之内。最重要的是，数据是非常容易被复制的。因此，要衡量数据的价值，必须开辟一个新的维度。

区块链技术的出现可以为数据打上时间戳，为一张图片做上标记，而且这个时间标记是无法篡改且公开透明的，这就是 NFT。NFT 通过区块链技术赋予图片、文字、视频以时间价值，让这些虚拟的东西具有了稀缺性，从而为其产生价值提供了前提。

因此，NFT 开辟了一个独立于空间价值之外的新的价值维度，即时间价值。

4．价值所有权

NFT 除了创造新的价值维度，还为具有时间价值的数据解决了所有权问题。"稀缺性"是保证虚拟物品的唯一性，而"所有权"明确这个物品属于谁，谁拥有这个物品。

所有权即个人可以支配某物品的权利，用户将具有唯一性的物品转移给他人并获得其他等价物，即形成交易。因此，虚拟物品具有所有权和唯一性是其可用来交易的前提，也是产生经济活动的前提。

在现实世界中，实现所有权的方式之一是物理占有，如我们身上穿的衣服和我们兜里的现金，可以直接对其进行物理控制。当然，这种方式一般适用于小型物件。另一种方式是中心化机构背书，比如，典型的不动产所有权，以国家颁发的不动产登记证书为所有权证明，并在必要的情况下诉诸法院请求所有权的强制执行。

但是，在元宇宙的去中心化空间，没有中心化机构的前提，如何实现虚拟商品确权呢？同样，NFT 可以实现这一点。

在区块链上，每一个或一组地址及其上的加密资产由一个私钥控制，只有拥有该私钥的人可以授权对相应资产进行转移或确认等链上操作，这就是链上所有权的体现。

就本质而言，地址就是区块链上的一个个透明的房子，其中存放着加密资产，所有人都可以看到。但是，只有持有该房子的钥匙的人才能对房间中的资产进行操作。

这里以通证朋克社区发行的"通证朋克令"为例进行说明，如图 2-7 所示。该 NFT 令牌发放给每位会员，每个令牌拥有唯一编号，且是进入通证朋克社区的资格凭证。

图 2-7　通证朋克令

该 NFT 令牌发行在以太坊侧链上，任何人都可以在链上看到。虽然任何人都可以复制下载令牌图片，但是每个令牌的链上动作只有唯一的持有者可以控制，即该持有者拥有真正的所有权。只有使用该令牌地址进行签名验证，才能实现通证朋克社区的链上权益。

NFT 的链上所有权与传统互联网平台或游戏平台的所有权有本质区别。传统互联网平台的账号是一种资产，但是用户并没有真正拥有所有权，平台可以随时封号或将账号收回。游戏平台道具也一样，用户拥有的所有权仅局限于这个平台，一旦平台停运，资产将不复存在。

但是，链上资产与此不同，只要不泄露私钥，用户对资产的所有权可以无限持续下去，除非整个互联网消亡。

"所有权"使得每个虚拟物品的背后都有一个主人，且不需要中心化机构背书。这样一来，虚拟物品可以在元宇宙自由流通，形成自由市场，为构建真正的元宇宙加密经济体系奠定基础。

第二篇 历史篇

| 第 3 章 |

远古探秘，寻找 NFT 史前化石

以史为鉴，方能知更替。NFT 痕迹如化石般记录在区块链上，永远不可磨灭。这些标本不仅具有历史价值，更是人们学习前人智慧并展望 NFT 未来发展的宝贵资料。

3.1　Colored Coins，第一张"多米诺骨牌"

严格来讲，彩色币不是一个具体的 NFT，而是一个通过为比特币添加"色彩"来实现的构想。其概念示意如图 3-1 所示。

图 3-1　Colored Coins 概念示意图（来源：Cryptocompare 网站）

Colored Coins（彩色币）的概念最早在 2012 年由尤尼·阿西亚（Yoni Assia）提出，他在博客文章 *bitcoin 2.X (aka Colored Bitcoin) —— initial specs* 中讨论了彩色币。

尤尼·阿西亚认为，彩色币是历史上某一时刻在创世纪交易中转移的比特币。由于每个比特币的所有交易历史都保存在区块链中，因此，彩色币可以从普通比特币中被识别出来。

2012 年 12 月 4 日，以色列密码学家梅尼·罗森菲尔德（Meni Rosenfeld）发表了题为 *Overview of Colored Coins* 的论文。在该文中，梅尼阐述了彩色币的应用场景及技术实现方案。

众所周知，比特币的每笔交易都公开透明地记录在区块链上，且这笔交易与后续的所有交易相关联。因此，梅尼所描述的彩色币的实现方案非常简单，即在某笔比特币交易中添加特定的元数据，这使得该笔交易及后续所有关联交易都被打上了印记，实现方案示例如图 3-2 所示。这种方法使得进行该笔交易的这枚比特币与其他比特币区分开来，具有了"色彩"。

这种彩色的比特币可以被赋予一些特殊的属性，具有独立于比特币之外的更多的价值。它们可以用来代表真实世界资产的所有权，如优惠券、股票、证券、证书、合同等。

2013 年，另一篇关于彩色币的文章 *Colored Coins —— BitcoinX* 发表在 Bitcointalk 论坛上。该文章由尤尼·阿西亚、梅尼·罗森菲尔德和后来以太坊的创始人维塔利克·巴特林（Vitalik Buterin）等共同撰文。这篇文章更加深入地阐述了彩色币的应用和实现。

2012—2013 年，彩色币曾经在社区是一个很热门的话题，人们纷纷将这个想法付诸实施。另外，开发人员已经开发出了彩色比特币钱包，如 CoinPrism 钱包，如图 3-3 所示。

后来，由于众多的区块链应用涌现，彩色币逐渐被人们所淡忘，但是这个想法是区块链应用思维的第一次质的飞跃，它推进了区块链应用从记录交易向其他可能性的扩展。

虽然彩色币现在已经消失，但是在过去十几年波澜壮阔的区块链应用多米诺效应中，彩色币始终是那第一张"多米诺骨牌"。

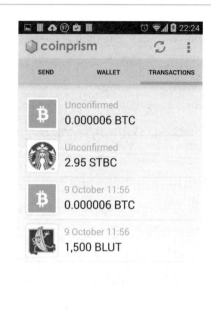

Index	Inputs	Outputs
#0	13 Red	3
#1	6 Green	6
#2	4 Green	4
#3	9 Blue	10
#4	2 Blue	3
#5	8 Uncolored	8
#6		5
#7		2

图 3-2　彩色币实现方案示例　　　图 3-3　CoinPrism 钱包（来源：Cryptoticker 网站）

3.2　Counterparty，在比特币上创建 NFT

在以太坊出现之前，很多古老的史前 NFT 创建在比特币上面。由于比特币不支持智能合约功能，所以在这个过程中，像 Counterparty 这样的比特币扩展平台起到了重要作用。

Counterparty 从本质上讲是一个比特币侧链，它提供基于比特币区块链的诸多扩展功能。Counterparty 通过在比特币区块链数据块的空白处写入数据的方式，使得原生比特币区块链具备了更多创新应用的可能性。

在 Counterparty 上，用户可以创建和交易任何一种数字代币，可以编写数字协议或者智能合约程序，并在比特币区块链上执行。简单而言，Counterparty 是一个基于比特币的智能合约平台，是以太坊的原型。

XChain 是一个免费的 Counterparty 区块链浏览器，它可以帮助用户更加直观地探索和使用 Counterparty 平台。

下面列举一些在 Counterparty 平台发行的典型项目。

1. TEST

TEST 仅是一个名称，是没有任何文字或图像内容的 NFT，如图 3-4 所示。它发行于 2014 年 1 月 13 日，是 Counterparty 平台上发行的第一个 NFT，甚至被认为是历史上第一个 NFT，具有重要的时代意义。

图 3-4　TEST NFT（来源：Xchain）

类似于 TEST 的项目还有 TESTER、THING。

TESTER 是另一个 Counterparty 平台上早期的 NFT 项目，创建于 2014 年 1 月 19 日，如图 3-5 所示。

图 3-5　TESTER NFT（来源：Xchain）

THING 是 2014 年 4 月 7 日在 Counterparty 上铸造的 NFT，2021 年 1 月由 Loonardo Joe Vinci 在其推特上提及，如图 3-6 所示。

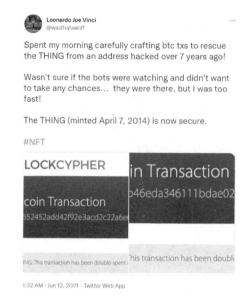

图 3-6　Loonardo Joe Vinci 关于 THING 的推文（来源：Twitter）

在推文中，Loonardo Joe Vinci 称其从被黑客入侵的地址中找回了创建于 2014 年的 NFT THING，但是并没有提到更多关于 THING 的信息。

与此类似的还有 MYSOUL，这是艺术家 Rhea Myers 发行的概念艺术作品 NFT，该项目发行于 2014 年 11 月 21 日，其链上信息如图 3-7 所示。

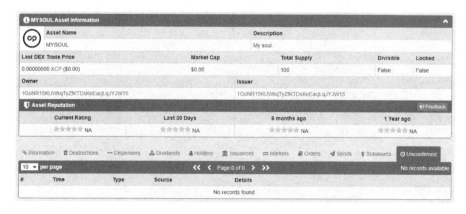

图 3-7　MYSOUL 的链上信息（来源：Xchain）

上述这些项目尽管只有一个文字标题，但是开创了 NFT 的先河，具有重要的历史意义。

2. SATOSHIDICE

SATOSHIDICE 是 2012 年发布的一款基于比特币的博彩游戏，也是历史上首个链上游戏。当时，SATOSHIDICE 是最受欢迎的比特币地址之一。2013年，SATOSHIDICE 以 1200 万美元的价格售出。

SATOSHIDICE 是一个在 Counterparty 平台未发布成功的通证，首次发行是在 2014 年 1 月 19 日，也就是 TEST 发布后的第 6 天。由于发行时钱包没有足够的 XCP，导致交易失败。因此，SATOSHIDICE 通证并没有显示在 Counterparty 浏览器中。但是，这次发行记录在"TX Index"1952 中，如图 3-8 所示。

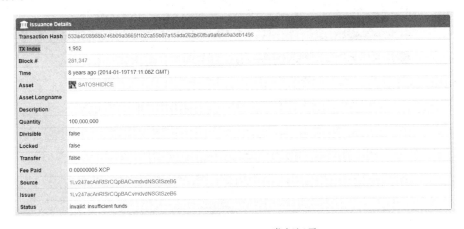

图 3-8 SATOSHIDICE 发行记录

2021 年 12 月 15 日，SATOSHIDICE 被 NFT 考古者 Doggfather 发现并认领。Doggfather 将其发行量重新设定为 200，并进行了锁定。同时，Doggfather 还为其增加了艺术元素，如图 3-9 所示。

3. OLGA

OLGA 是 2014 年 6 月 12 日在 Counterparty 上发行的 NFT，这是一个男人和女人接吻的模糊图像，如图 3-10 所示。

图 3-9　SATOSHIDICE 的艺术元素（来源：Doggfather）

图 3-10　OLGA（来源：JP Janssen）

这幅 NFT 艺术品是由 JP Janssen 创建的，可以说是区块链上的第一个图像形式的 NFT，也是第一个用区块链记录永恒爱情的 NFT。

OLGA 的发行步骤如下。

1）创建 OLGA 通证，描述为"One & Only"

哈希：

e5e9f6a63ede5315994cf2d8a5f8fe760f1f37f6261e5fbb1263bed54114768a

块：305451

日期：2014-06-12

2）将通证供应量设定为 1

哈希：

34da6ecf10c66ed659054aa6c71900c807875cb57b96abea4cee4f7a831ed690

块：305455

日期：2014-06-12

3）将以 base64 编码的图像嵌入区块链

哈希：

627ae48d6b4cffb2ea734be1016dedef4cee3f8ffefaea5602dd58c696de6b74

块：369466

日期：2015-08-11

4．NILICoin

NILICoin 也称 ARTCoin（艺术币），由艺术家 Nili Lerner 在 2014 年 9 月通过 Counterparty 平台发行，是后来 NFT 碎片化的雏形。图 3-11 所示为 Counterparty 区块浏览器 xchain.io 上显示的 NULICoin 列表。

NILICoin 曾在 Bitcointalk 论坛上发布对该项目的介绍，如图 3-12 所示。

NILICoin 以作者创作的艺术品为锚定价值，当用户拥有 NILICoin 时，即拥有了艺术品的一部分所有权。每枚 NILICoin 的价值等于艺术品的总收藏价值除以发行 NILICoin 的总数。

尽管该项目当时没有引起太多人的关注，且早已尘封作古，但是 NILICoin 开创了 NFT 碎片化的先河。

Assets (10)　Broadcasts (0)

100 per page　Page 1 of 1　10 results

#	Block	Time	Asset	Asset Description	Total Supply	Divisible	Locked	
1	322,926	7 years ago	IAPPLE	APPLE Art-Coin of NILIcoins	10000.00000000	True	True	view
2	322,933	7 years ago	IBEATLES	BEATLES Art-Coin of NILIcoins	10000.00000000	True	True	view
3	323,017	7 years ago	ICOIN	credit coins of NILIcoins	10000000.00000000	True	False	view
4	322,801	7 years ago	ICOKE	A NILIcoins art token. Coca-Cola..	4000	False	True	view
5	323,075	7 years ago	IDISNEY	Disney Artcoin of NILIcoins	20000.00000000	True	True	view
6	322,929	7 years ago	IEBAY	EBAY Art-Coin of NILIcoins	100000.00000000	True	False	view
7	326,207	7 years ago	ILOVE	of NILIcoins	10000000.00000000	True	False	view
8	322,927	7 years ago	ITOYOTA	TOYOTA Art-Coin of NILIcoins	10000.00000000	True	True	view
9	322,929	7 years ago	ITWITTER	TWITTER Art-coin of NILIcoins	10000.00000000	True	True	view
10	323,194	7 years ago	IUSA	USA Art-Coin of NILIcoins	1000000.00000000	True	False	view

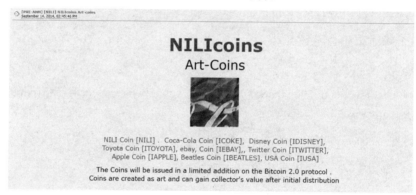

图 3-11　NULICoin 列表

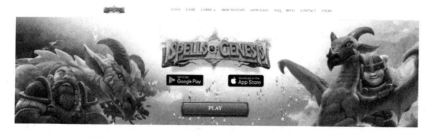

图 3-12　Bitcointalk 论坛上关于 NULICoin 的介绍

5．FDCARD 和 SATOSHICARD

FDCARD 和 SATOSHICARD 是最早的链上游戏卡牌，是游戏资产 NFT 化的最早尝试。这两种卡牌应用于名为 Spells of Genesis（SoG）的游戏中。

SoG 是历史上第一款基于区块链的卡牌游戏，用户可以收集并组合卡牌进行对战。这款游戏至今仍在运行，网站界面如图 3-13 所示。

图 3-13　SoG 网站界面（来源：Spells of Genesis）

2015 年，SoG 发行了一系列链上游戏相关的 NFT，其中最值得关注的是 FDCARD 和 SATOSHICARD。

FDCARD 是 SoG 最早基于 Counterparty 发行的 NFT，发行时间为 2015 年 3 月 11 日，总量为 300 枚，如图 3-14 所示。

FDCARD 以非公开形式发行，最初分发给 FoldingCoin（一个公共慈善机构）项目的参与者，作为他们的贡献奖励。由于当时人们对于 NFT 的认知不足，很多持有 FDCARD 的钱包已经遗失，因此，市面上流通的 FDCARD 极为稀少。

SATOSHICARD 发行于 2015 年 6 月 24 日，总量为 1000 枚，如图 3-15 所示。

图 3-14　FDCARD

（来源：Spells of Genesis）

图 3-15　SATOSHICARD

（来源：Spells of Genesis）

因发行后被销毁 800 枚，SATOSHICARD 实际仅剩 200 枚。与 FDCARD 一样，多数 SATOSHICARD 已经遗失，目前能在市面上流通的非常稀少。

SATOSHICARD 具有开创性的一点在于其能够适用于多个游戏，这与当前的可扩展 NFT Loot 类似。由于 SoG 和 SaruTobi Island 建立了合作关系，SATOSHICARD 可以同时在两款游戏中使用，并表现出不同的功能。SaruTobi Island 旨在建立一个支持区块链资产的游戏平台，SoG 玩家或 RarePepe 持有者可以通过连接他们的 IndieSquare 或 Book of Orbs 钱包在平台上使用他们的

NFT。SaruTobi Island App 中的卡牌界面如图 3-16 所示，其中第一排中间为 SATOSHICARD。

图 3-16　SaruTobi Island App 中的卡牌界面（来源：SaruTobi Island）

SATOSHICARD 具有跨游戏兼容性，这一创新契合了元宇宙概念中的链上资产在各个不同元宇宙中应具有通用性的要求，是多重宇宙唯一内核思想的萌芽。

在 FDCARD 和 SATOSHICARD 之后，SoG 陆续发布了一系列不同的卡牌 NFT，每种都具有不同的图像、含义和稀缺性。每种卡牌都融入了区块链历史上的标志性事件，具有丰富的历史意义。Sogbazaar 是一个专门的 SoG 卡牌市场，其中展示了众多的 SoG 卡牌，如图 3-17 所示。

6. SaruTobi Island

SaruTobi Island 是继 SoG 之后又一个包含区块链资产的游戏，游戏界面如图 3-18 所示。

图 3-17　Sogbazaar 中展示的 Sogbazaar 卡牌（来源：Sogbazaar）

图 3-18　SaruTobi Island 游戏界面（来源：SaruTobi Island）

SaruTobi Island 除兼容 SATOSHICARD 等区块链游戏资产外，自身也发行了一系列链上卡牌资产。最早的 SaruTobi Island 资产是在 2016 年 5 月 6 日基于 Counterparty 平台发行的。

7. Force of Will

Force of Will（FoW）是一款日本集换式卡牌游戏，在 2016 年 9 月基于 Counterparty 平台发行，如图 3-19 所示。

图 3-19　FoW 卡牌（来源：Force of Will）

FoW 卡牌曾在 30 多个不同国家和地区销售，在北美地区收藏类游戏卡牌的销量排名第 4。

8. Rare Pepes

Pepe（佩佩）的艺术形象是一种长相奇特的拟人化青蛙，在 2006 年年初首次出现在马特·弗瑞（Matt Furie）的漫画系列《男孩俱乐部》（Boy's Club）中，一夜之间引起轰动，如图 3-20 所示。

在接下来的若干年里，借助如 Myspace、Gaia Online 和 4chan 等互联网工具，Pepe 文化迅速普及，青蛙头像被大众熟知。

图 3-20　《男孩俱乐部》漫画（来源：Amazon；作者：Matt Furie）

2014 年 10 月，4chan 的用户开始将 Pepe the Frog 的原始图片打上水印，并称之为"Rare Pepes"（稀有佩佩），如图 3-21 所示。他们试图用这种方式为图片赋予价值。

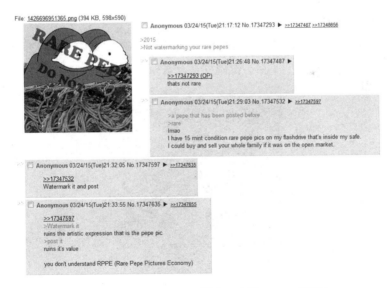

图 3-21　打上水印的 Pepe 图片（来源：4chan 网站）

2015 年 4 月，Rare Pepes 图片开始在 eBay 上交易。随着交易达成且价格屡创新高，Rare Pepes 被主流媒体持续报道，名声大噪。

2016 年 9 月，RarePepeWallet 网站诞生，用户可以通过该网站将自己创建的 Rare Pepes 作品记录在链上，如图 3-22 所示。RarePepeWallet 相当于一个应用程序，用户只需要简单操作，就可以通过 Counterparty 平台将 Rare Pepe 发布在比特币区块链上。

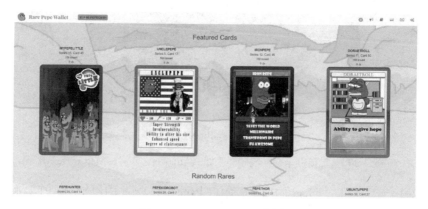

图 3-22　RarePepeWallet 网站

Rare Pepes 图片上链使得它的稀缺性被很好地标记下来，为其价值的进一步增长奠定了基础。

2021 年 10 月 26 日，稀有佩佩 PEPENOPOULOS 在苏富比拍卖会上以 360 万美元的价格售出，创下了稀有佩佩的最高售价纪录，如图 3-23 所示。

图 3-23　稀有佩佩 PEPENOPOULOS（来源：苏富比网站）

Rare Pepes 采用众包的形式创作，很多早期的艺术爱好者都做出了贡献。许多 Rare Pepes 的图像都借鉴了当时的流行元素，具有丰富的时代烙印。

Rare Pepes 共超过 1700 个，分为 36 个不同的系列。每个系列数量不同，稀有度也不同。

Rare Pepes 是第一个真正意义上把艺术和区块链结合起来的项目，为推动全球加密艺术运动做出了重要贡献。

9．GUARDIANCARD

GUARDIANCARD 是游戏 Age of Chains 所发行的链上游戏卡牌的第一款，如图 3-24 所示。

图 3-24　GUARDIANCARD（来源：Ageofchains 网站）

类似于 SoG，Age of Chains 也是一款早期的区块链卡牌游戏，提供一对一玩家对战。尽管这款游戏不为大众所熟知，但是 GUARDIANCARD 除了游戏，还包含一定的艺术元素，综合来看其具有一定的历史价值。

10．BitGirls

BitGirls 是日本东京都电视台在 2016 年 10 月推出的一档真人秀节目，该电视节目试图向日本民众普及加密货币。节目从普通日本人中海选年轻女性作为主角，她们被称为"BitGirls"，在节目中与电视主持人互动并进行投票挑战。

BitGirls 每周播出一次，参与观众可以在每集之后使用 Torekabu 通证投票，表达他们对喜欢女孩的支持。

BitGirls 资产共有 26 种，每种的发行量为 500～1000 个。由于历史的原因，目前市场上流通的极为稀少。

BitGirls 是一次具代表性的区块链项目"出圈行动"，是全球历史上一次规模较大的通过传统媒体向普通民众普及加密技术的活动。

11．Diecast

Collectable Diecast 是一个知名的一站式压铸模型商店，已经为全球数十万名客户提供服务超过 20 年，其中商品以各种款式的汽车为主，如图 3-25 所示。

图 3-25　Collectable Diecast 商店（来源：CollectableDiecast 网站）

Collectable Diecast 商店因高质量的拉力赛车模型而闻名，受到了全球范围内众多拉力赛车迷的喜爱和支持，粉丝群体具有很高的活跃度。

12．Book of Orbs

Book of Orbs（宝珠之书）是一款基于比特币区块链的数字资产的应用程序，依托 Counterparty 协议实现资产上链。ORB 是区块链上的所有权革命的缩写，代表在区块链上发行的数字资产，用户通过这款程序可以创建、发送、收集和交易游戏物品或资产。Book of Orbs 和前文提到的 SoG、SaruTobi、

FoW、Rare Pepes 等数字收藏品均有合作，如图 3-26 所示。

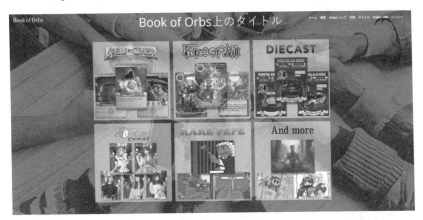

图 3-26 Book of Orbs 上的数字收藏品（来源：Bookoforbs 网站）

2017 年 2 月，Book of Orbs 与 Collectable Diecast 合作，发行了 18 种具有 3 个稀有等级的 ORB。Diecast 数字收藏品在 Book of Orbs 的展示页面如图 3-27 所示。

图 3-27 Diecast 数字收藏品（来源：Bookoforbs 网站）

Diecast 收藏卡是实物收藏品数字化的典型案例，是传统收藏品在链上的早期尝试。目前市场上的 Diecast 收藏卡已经非常稀缺。

遗憾的是，Book of Orbs 目前已经停止运行。不过，可以通过一些 Book of Orbs 的替代产品获得相同的服务，如 Casa Tookan Wallet、Orb Explorer、Freewallet 和 Counterwallet 等。

13．MemoryChain

MemoryChain 是一套日本风格的系列收藏品，记录了区块链历史上的一些标志性事件、人物和项目，如图 3-28 所示。

图 3-28　MemoryChain（来源：Mafiawars 网站）

MemoryChain 是一个用户生成的内容集合，每个社区成员都可以提出自己的创意作品，最终由社区成员投票筛选发行的内容。

3.3　Namecoin，数字古董圣地

Namecoin 是比特币的第一个分叉链，于 2011 年正式发布。

Namecoin 沿用了比特币的代码，只是更改和增加了一些附加功能。与比

特币一样，Namecoin 使用 PoW（工作量证明）共识算法，总量为 2100 万枚。获得 Namecoin 的方式为联合挖矿，即在挖取比特币时可以同时获得 Namecoin，无须增加任何硬件。

与比特币不同的是，Namecoin 建立的初衷是构建一个去中心化的域名系统（DNS）。DNS 的作用是将人类可读域名转换为机器可读的 IP 地址（如 011.00.01）。DNS 是一种将域身份与世界各地的数字 IP 地址链接起来的机制。去中心化 DNS 的目的是避开中心化的互联网审查机制，提升互联网使用的安全性并保障使用者的隐私。

比特币是要创造一种可行的替代货币，而 Namecoin 的目的是创建一个命名系统。

可以将 DNS 作为互联网的地址簿。当用户输入网址时，会向 DNS 服务器发出请求。DNS 服务器定位互联网目标服务器的 IP 地址，然后检索该网页的数据内容，反馈给用户。

网页域（.com）的最后部分称为顶级域（TLD）。所有 TLD 均由中央机构控制。例如，TLD .com 由互联网名称与数字地址分配机构（ICANN）控制。如果某些网页遭到投诉或面临法律问题，ICANN 有权停用网页服务或者查看网页上的数据内容。这有一个弊端，即用户数据的隐私性和安全性受到威胁。

通过引入去中心化的 DNS，可以创建出不属于任何人的 TLD。通过点对点系统，社区志愿者运行特定的 DNS 服务器软件，这个过程当中没有中央机构可以干预 TLD 的操作。这种方式保障了用户数据的隐私和安全。

Namecoin 拥有很多早期支持者，他们坚信去中心化的 DNS 对于保障互联网隐私和减少审查至关重要。比特币创建者中本聪在早期也对该项目给予了很大的支持，这一点可以在 Bitcointalk 论坛追溯到。尽管大多数人可能不需要.bit 网站或相关服务，但是 Namecoin 作为一个基于区块链的创新的命名系统，一直以来都被加密社区所推崇。

由于 Namecoin 具有比比特币更好的扩展性，所以一些极早期的 NFT 都发布在 Namecoin 上面。但是，同样因为区块容量限制，上链方式为在 Nmaecoin 上记录一条指向图片的链接（URL），以此来证明该图片的上链时间，如图 3-29 所示。

Date/Time	Block	Transaction	Operation	Value
Oct. 29, 2021, 1:53 a.m.	583151	eb5f300dd...	NAME_UPDATE	{"location": {"formatted": "Bellevue, WA"}, "v": "0.2", "avatar": {"url": "https://s3.amazonaws.com/kd4/boz"}}
Sept. 19, 2021, 7:20 p.m.	577330	0cbca3c97...	NAME_UPDATE	{"location": {"formatted": "Bellevue, WA"}, "v": "0.2", "avatar": {"url": "https://s3.amazonaws.com/kd4/boz"}}
May 7, 2021, 5:17 a.m.	558039	f8baa66f4...	NAME_FIRSTUPDATE	{"location": {"formatted": "Bellevue, WA"}, "v": "0.2", "avatar": {"url": "https://s3.amazonaws.com/kd4/boz"}}
May 7, 2021, 3:36 a.m.	558025	0ad17c367...	NAME_NEW	f463254f88e7757fd1c94a68c3d57cd5ec2cdd9d
May 12, 2015, 1:50 a.m.	230305	28469454c...	NAME_FIRSTUPDATE	{"location": {"formatted": "Bellevue, WA"}, "v": "0.2", "avatar": {"url": "https://s3.amazonaws.com/kd4/boz"}}
May 11, 2015, 7:41 p.m.	230270	3fe927364...	NAME_NEW	19536dc7bb06bfb27699e7c3005336075066cdc5

图 3-29　Namecoin 上记录的图片 URL（来源：Namebrow 网站）

2013 年，Onename 在 Namecoin 上建立了去中心化的个人身份平台。通过 Onename，用户将自己在社交平台上的头像图片记录在区块链上。尽管 Onename 平台的服务早已停止，但是驻留在区块链上的个人身份图片是点燃今天 PFP（Profile Pics 的简称）运动的最早火种。

总之，Namecoin 作为一个改进了比特币性能的分叉链，承载了早期的 NFT 实验活动，尤其是在 PFP 领域，产生了诸多具有历史价值的 NFT。下面介绍几个基于 Namecoin 创建的极早期的古董级 NFT 项目。

1. Quantum

Quantum 是艺术家 Kevin McCoy 于 2014 年创作的数字艺术作品，该作品是一个八角形动画，如图 3-30 所示。

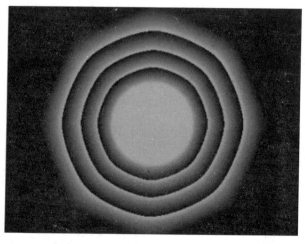

图 3-30　Quantum（来源：苏富比网站）

该作品于 2014 年 5 月 3 日记录在 Namecoin 区块链上，如图 3-31 所示。

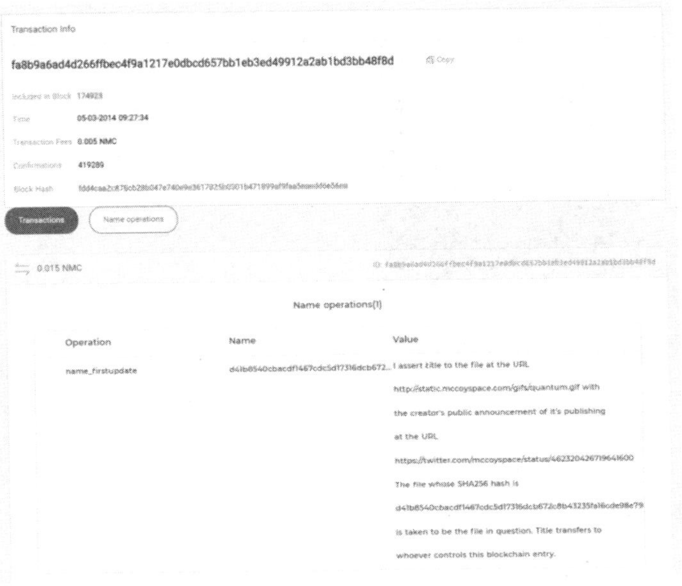

图 3-31　Quantum 在 Namecoin 上的记录（来源：Namebrow 网站）

链上记录的"value"内容大致是：我在某 URL 展示了图片内容，并在某 URL 上发布了上述链接。这个文件的 SHA256 哈希为 d41b8540cbacdf1467 cdc5d17316dcb672c8b43235fa16cde98e79825b68709a，该值图片为一一对应关系。这幅作品的所有权可以转移给控制此区块链条目的任何人。

这幅 NFT 作品的发布为后来者建立了范例，McCoy 将在 Namecoin 上发布的"name"设置为图片的哈希，"value"中包括图片的链接能证明图片是由 McCoy 本人发布的推特内容、哈希及版权声明。

2021 年 6 月，Quantum 在苏富比以 147.2 万美元的价格成交，拍卖页面如图 3-32 所示。

值得说明的是，虽然拍卖由作品拥有者 McCoy 授权，且发行在以太坊区块链上，但是 Quantum 最早的链上记录在 Namecoin 区块链上，创建时间为 2014 年 5 月。最重要的是，由于 Namecoin 是一个域名系统，资料不会永久保存，需要定期续费，而 Quantum 因未及时在 Namecoin 上续费，已经因过期被删除。因此，从某种意义上讲，本次拍卖的在 2021 年发布在以太坊上的

Quantum 并非原来的 Quantum，这一点引发了人们的争议。

图 3-32　Quantum 拍卖页面（来源：苏富比网站）

2．Blockhead

Blockhead 是历史上第一个链上 PFP 图像，可谓 PFP NFT 的鼻祖，如图 3-33 所示。它与 CryptoPunks 惊人地相似，但是诞生时间远早于 CryptoPunks，因此，从某种意义上讲，Blockhead 对 CryptoPunks 的诞生具有启发意义。

图 3-33　Blockhead（来源：Eeightbit 网站）

2014—2015 年，一些早期的加密用户使用名为 Onename 的应用程序将他们的社交媒体（如 Twitter）的个人头像永久锁定在 Namecoin 区块链中。目前，由于历史原因，Blockhead 非常稀缺，现存的有 50 个左右。

1）如何制作 Blockhead

这种像素风格的头像采用 Eeightbit.me 软件制作，下面模拟一下其制作过程。

（1）打开 Eeightbit.me 软件，选择要创建角色的性别，如图 3-34 所示。

图 3-34　选择角色性别（来源：Eeightbit 网站）

（2）选择皮肤颜色，如图 3-35 所示。

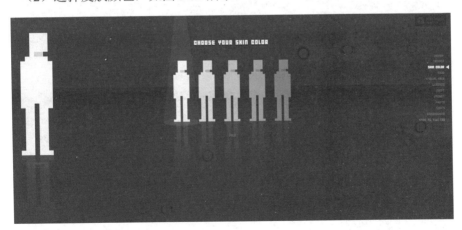

图 3-35　选择皮肤颜色（来源：Eeightbit 网站）

（3）选择头发类型，如图 3-36 所示。

（4）选择胡子类型，如图 3-37 所示。

（5）选择眼镜类型，如图 3-38 所示。

图 3-36　选择头发类型（来源：Eeightbit 网站）

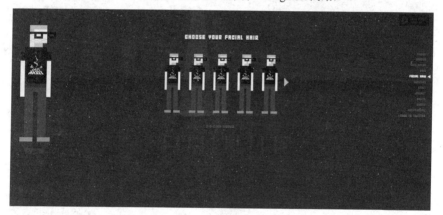

图 3-37　选择胡子类型（来源：Eeightbit 网站）

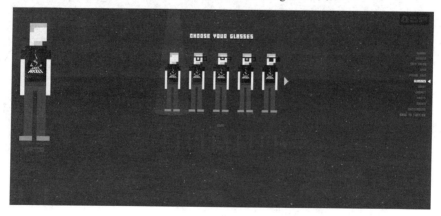

图 3-38　选择眼镜类型（来源：Eeightbit 网站）

（6）选择衬衣类型，如图 3-39 所示。

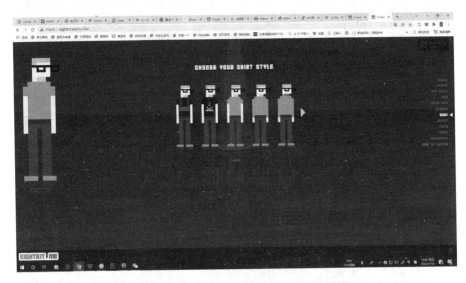

图 3-39　选择衬衣类型（来源：Eeightbit 网站）

（7）选择夹克类型，如图 3-40 所示。

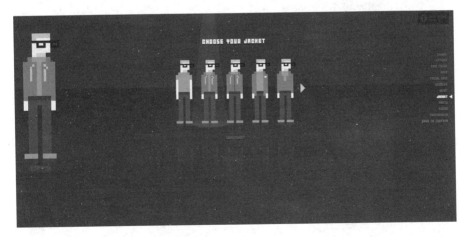

图 3-40　选择夹克类型（来源：Eeightbit 网站）

（8）选择裤子类型，如图 3-41 所示。

（9）选择鞋子类型，如图 3-42 所示。

（10）选择背景颜色，如图 3-43 所示。

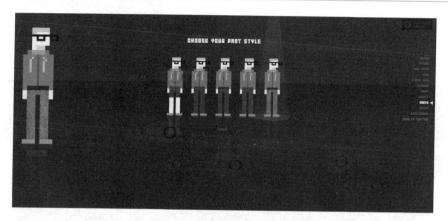

图 3-41　选择裤子类型（来源：Eeightbit 网站）

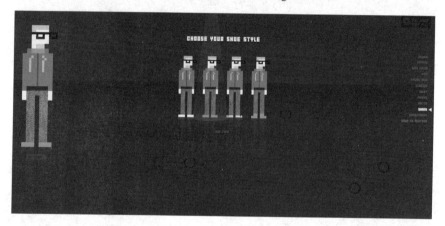

图 3-42　选择鞋子类型（来源：Eeightbit 网站）

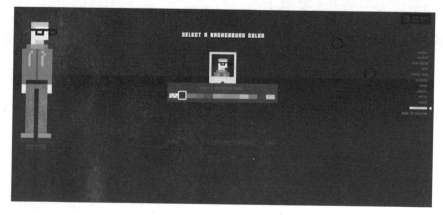

图 3-43　选择背景颜色（来源：Eeightbit 网站）

（11）保存并继续，如图 3-44 所示。

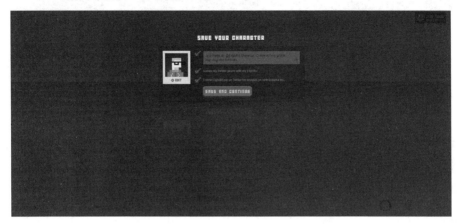

图 3-44　保存并继续（来源：Eeightbit 网站）

（12）单击"EDIT"按钮，可返回继续编辑，如图 3-45 所示。

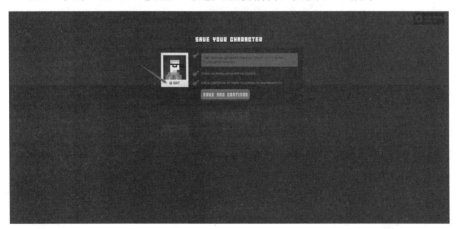

图 3-45　单击"EDIT"按钮（来源：Eeightbit 网站）

（13）在计算机端操作，需要截屏保存。苹果手机可用 safari 浏览器操作，在手机端保存，图片生成页面如图 3-46 所示。

2）验证 Blockhead 的链上真实性

对市面上流通的 Blockhead，如何验证真实性呢？真实的 Blockhead 记录在 Namecoin 区块链上，需要在链上查证，并追溯图片的 URL 链接，以明确其对应的图像。

图 3-46　图片生成页面（来源：Eeightbit 网站）

演示步骤如下：

（1）在 Opeansea 中打开"Emblem Vault [Ethereum]"，搜索"Blockhead"，如图 3-47 所示。

图 3-47　Emblem Vault [Ethereum]（来源：Opensea 网站）

（2）选取 Blockhead（以 ID 为"u/aoberoi"的 Blockhead 为例），在描述信息中单击"View this NFT on Emblem Finance"选项，进入 Emblem.Finance 网站，如图 3-48 所示。

（3）在展示的 aoberoi Blockhead 的信息中，单击"View NFT"按钮，如图 3-49 所示。

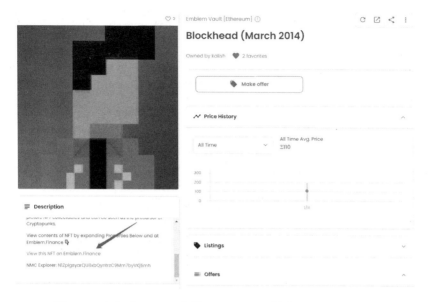

图 3-48　名为"u/aoberoi"的 Blockhead（来源：Opensea 网站）

图 3-49　Emblem Finance 展示的 aoberoi Blockhead 信息（Emblem Finance 网站）

（4）在进入 Namecoin 浏览器后，从链上记录（见图 3-50）中可以看到，在 2014 年 3 月 10 日下午 10:35，在区块高度 166337 的位置，显示该头像图片的 URL 信息。除此之外，还可以看到该用户的 Twitter 名称为"aoberoi"，与其 Opensea 上的 Blockhead 名称对应。

Sept. 14, 2015, 12:32 a.m.	248814	a7f1475ad...	NAME_UPDATE	{"website": "http://aoberoi.me", "bio": "Just trying this thing out", "name": {"formatted": "Ankur Oberoi}, "twitter": {"username": "aoberoi"}, "cover": {"url": "https://pbs.twimg.com/profile_banners/85353275/1348378635/web_retina"}, "bitcoin": {"address": "1FunHqnR1oPSgzkySQFfGfq9zuBiNAxrYC"}, "location": {"formatted": "New York, NY"}, "v": "0.2", "avatar": {"url": "https://pbs.twimg.com/profile_images/1622129051/eightbit-69b2b73c-b8cb-4757-a660-39bafaf4bfc3.png"}}
July 14, 2015, 8:45 p.m.	239288	14f810d13...	NAME_FIRSTUPDATE	{"website": "http://aoberoi.me", "bio": "Just trying this thing out", "name": {"formatted": "Ankur Oberoi}, "twitter": {"username": "aoberoi"}, "cover": {"url": "https://pbs.twimg.com/profile_banners/85353275/1348378635/web_retina"}, "bitcoin": {"address": "1FunHqnR1oPSgzkySQFfGfq9zuBiNAxrYC"}, "location": {"formatted": "New York, NY"}, "v": "0.2", "avatar": {"url": "https://pbs.twimg.com/profile_images/1622129051/eightbit-69b2b73c-b8cb-4757-a660-39bafaf4bfc3.png"}}
July 14, 2015, 6:04 p.m.	239276	cdd18764f...	NAME_NEW	68009d1b986524e64967080602394e1559e440af
Oct. 30, 2014, 1:51 a.m.	203180	841f636ed...	NAME_FIRSTUPDATE	{"website": "http://aoberoi.me", "bio": "Just trying this thing out", "name": {"formatted": "Ankur Oberoi}, "twitter": {"username": "aoberoi"}, "cover": {"url": "https://pbs.twimg.com/profile_banners/85353275/1348378635/web_retina"}, "bitcoin": {"address": "1FunHqnR1oPSgzkySQFfGfq9zuBiNAxrYC"}, "location": {"formatted": "New York, NY"}, "v": "0.2", "avatar": {"url": "https://pbs.twimg.com/profile_images/1622129051/eightbit-69b2b73c-b8cb-4757-a660-39bafaf4bfc3.png"}}
Oct. 29, 2014, 10:12 p.m.	203147	98593346e...	NAME_NEW	cd7592478246b8e69978e53972491edb18833f07
March 10, 2014, 10:35 p.m.	166337	948f21b65...	NAME_FIRSTUPDATE	{"website": "http://aoberoi.me", "bio": "Just trying this thing out", "name": {"formatted": "Ankur Oberoi}, "twitter": {"username": "aoberoi"}, "cover": {"url": "https://pbs.twimg.com/profile_banners/85353275/1348378635/web_retina"}, "bitcoin": {"address": "1FunHqnR1oPSgzkySQFfGfq9zuBiNAxrYC"}, "location": {"formatted": "New York, NY"}, "v": "0.2", "avatar": {"url": "https://pbs.twimg.com/profile_images/1622129051/eightbit-69b2b73c-b8cb-4757-a660-39bafaf4bfc3.png"}}
March 10, 2014, 7:22 p.m.	166319	a2c30779f...	NAME_NEW	2a285fd904b585fa49524927e374ebd25b7c887b

图 3-50 aoberoi Blockhead 的链上记录（来源：Namebrow 网站）

（5）复制 URL 信息，在浏览器中打开，会发现该图片链接已经失效，如图 3-51 所示。

找不到 pbs.twimg.com 的网页

找不到以下网址对应的网页：
https://pbs.twimg.com/profile_images/1622129051/eightbit-69b2b73c-b8cb-4757-a660-39bafaf4bfc3.png

HTTP ERROR 404

重新加载

图 3-51 图片链接失效界面

（6）借助网站互联网档案馆（archive.org）进一步追溯，如图 3-52 所示。

互联网档案馆是一家专门归档互联网上历史网页的非营利组织。在搜索框中输入该头像图片的 URL 信息，显示未找到结果。

图 3-52　URL 搜索结果（来源：Archive 网站）

（7）使用推特名称再次查询，得到图 3-53 所示的搜索结果。

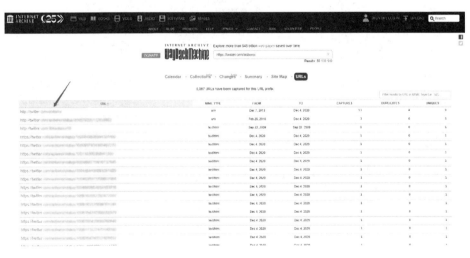

图 3-53　推特名称搜索结果（来源：Archive 网站）

（8）单击进入第一个链接，可以看到该推特的快照时间，如图 3-54 所示。下面选取与链上发布信息相近的时间（2014 年）进行查看。

图 3-54　推特快照时间（来源：Archive 网站）

（9）单击"January 11，2014"快照，可以看到当时"aoberoi"的推特页面，如图 3-55 所示。

图 3-55　"aoberoi"的推特页面（来源：Archive 网站）

（10）单击推特头像，进入头像图片链接页面，如图 3-56 所示。

检查后可以发现，该链接与链上记录的 URL 完全一致。

图 3-56　头像图片链接页面（来源：Archive 网站）

由此可以得出结论，该链接与头像相对应，Opensea 所显示的信息正确。

3．Manga Avatar

Manga Avatar 创建于 2014—2015 年，总量不超过 50 个。该漫画头像使用 Faceyourmanga 网站制作，由一些早期用户使用 Onename 记录在 Namecoin 区块链上。Opensea 上展示的 Manga Avatar 头像如图 3-57 所示。

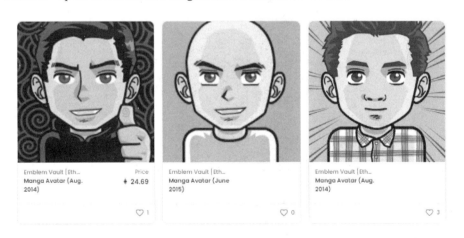

图 3-57　Opensea 上展示的 Manga Avatar 头像（来源：Opensea 网站）

以 ID 为 "u/vijayrc" 的 Manga Avatar 为例，验证其链上真实性，如图 3-58 所示。单击 "View this NFT on Emblem.Finance"，进入 Emblem.Finance 网站。

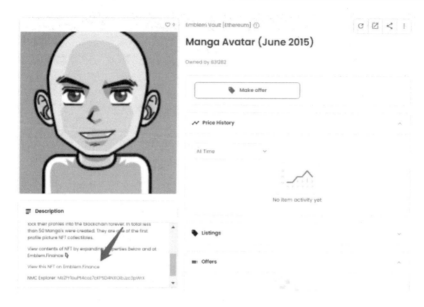

图 3-58　ID 为"u/vijayrc"的 Manga Avatar（来源：Opensea 网站）

在 Emblem.Finance 展示的 ID 为"u/vijayrc"的 Manga Avatar 页面中单击
"View NFT"按钮，如图 3-59 所示。

图 3-59　ID 为"u/vijayrc"的 Manga Avatar（来源：Emblem Finance 网站）

在 NMC 浏览器中可以看到 2015 年记录的图片 URL 链接，如图 3-60 所示。

Date/Time	Block	Transaction	Operation	Value
Dec. 21, 2021, 8:16 p.m.	590987	babe3abfd...	NAME_UPDATE	{"website": "http://vijayrc.com", "bio": "விஜய் | bald coder | x-thoughtworker", "name": {"formatted": "Vijay Chakravarthy"}, "twitter": {"username": "fullbellyvrc", "proof": {"url": "https://twitter.com/fullbellyvrc/status/607208563824455680"}}, "cover": {"url": "https://s3.amazonaws.com/dx3/vijayrc"}, "avatar": {"url": "https://s3.amazonaws.com/kd4/vijayrc"}, "v": "0.2", "location": {"formatted": "Atlanta, GA"}}
May 28, 2021, 5:06 a.m.	560928	9d64e55d3...	NAME_FIRSTUPDATE	{"website": "http://vijayrc.com", "bio": "விஜய் | bald coder | x-thoughtworker", "name": {"formatted": "Vijay Chakravarthy"}, "twitter": {"username": "fullbellyvrc", "proof": {"url": "https://twitter.com/fullbellyvrc/status/607208563824455680"}}, "cover": {"url": "https://s3.amazonaws.com/dx3/vijayrc"}, "avatar": {"url": "https://s3.amazonaws.com/kd4/vijayrc"}, "v": "0.2", "location": {"formatted": "Atlanta, GA"}}
May 28, 2021, 3:18 a.m.	560916	c7ea06086...	NAME_NEW	8d5e60ef78b0f917adaf27a08a1096efd2b76ee0
Sept. 6, 2015, 9:53 p.m.	247789	e8f183de9...	NAME_UPDATE	{"website": "http://vijayrc.com", "bio": "விஜய் | bald coder | x-thoughtworker", "name": {"formatted": "Vijay Chakravarthy"}, "twitter": {"username": "fullbellyvrc", "proof": {"url": "https://twitter.com/fullbellyvrc/status/607208563824455680"}}, "cover": {"url": "https://s3.amazonaws.com/dx3/vijayrc"}, "avatar": {"url": "https://s3.amazonaws.com/kd4/vijayrc"}, "v": "0.2", "location": {"formatted": "Atlanta, GA"}}
June 6, 2015, 4:03 a.m.	233757	526f56a1e...	NAME_FIRSTUPDATE	{"website": "http://vijayrc.com", "bio": "விஜய் | bald coder | x-thoughtworker", "name": {"formatted": "Vijay Chakravarthy"}, "twitter": {"username": "fullbellyvrc", "cover": {"url": "https://s3.amazonaws.com/dx3/vijayrc"}, "avatar": {"url": "https://s3.amazonaws.████████"}, "v": "0.2", "location": {"formatted": "Atlanta, GA"}}
June 6, 2015, 2:25 a.m.	233740	82be7ee43...	NAME_NEW	212cd96c94769837bd52ce6c99a1a6b19189bb67

图 3-60　NMC 上记录的图片 URL 链接（来源：Namebrow 网站）

由此可见，该头像图片的信息真实记录于区块链上。

4．TwitterEggs

Twitter（推特）是全球知名的社交平台，用户在注册推特后，会获得一个默认头像。2010—2014 年，推特的默认头像是一种不同颜色的鸡蛋，如图 3-61 所示。

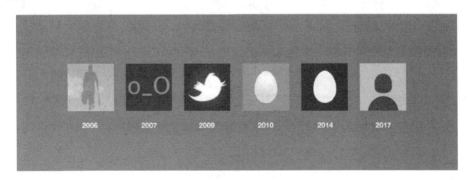

图 3-61　推特默认头像（来源：Twitter）

该头像推出后，深受用户的喜爱，以至于很多人拒绝更换自己的头像，继续使用默认头像。2017 年，推特将默认头像进行了更换。但是，鸡蛋头像被人们记录在了 Namecoin 区块链上并流传至今，被人们称作"TwitterEggs"（推特蛋）或者"CryptoEggs"（加密蛋）。

2014—2015 年，人们通过 Onename 程序将自己在社交媒体的个人头像保存到 Namecoin 区块链上，其中包括大量的推特蛋。但是，由于当时人们对 NFT 认知的不足，很多人没有更新 Namecoin 账户，使得大量的推特蛋被遗失。现存的推特蛋仅为 277 枚，如图 3-62 所示。

图 3-62　推特蛋（来源：Eggmuseum 网站）

推特蛋从某种意义上讲，也是一种古老的 PFP，拥有深厚的社区共识，深受加密收藏爱好者的喜爱。

3.4　以太坊，新时代 NFT 的发源地

2015 年 7 月，以太坊网络上线，智能合约时代正式开启。基于以太坊区块链，用户可以自由高效地发布通证，这大大激活了开发者的创造力。以太坊诞生至 CryptoPunks 发行这段时间，出现了两个具有代表性的项目：Etheria 和 Curio Cards。

1．Etheria

Etheria 是以太坊上的第一个 NFT 项目，尽管这个头衔被大众错误地给予了 CryptoPunks。Etheria 不被大众所知，但是这并不影响它的历史价值。

Etheria 是一个虚拟世界，由 420 个六边形的虚拟地块组成，如图 3-63 所示。

图 3-63　Etheria（来源：Etheria 网站）

玩家可以在 Etheria 中拥有地块，并在上边放置图片或用积木搭建物品。Etheria 是完全去中心化的，没有任何人（包括原始开发者在内）可以控制它。只要以太坊存在，Etheria 就会存在。

Etheria 不仅代码开源，而且是开放执行的。每个开发者或者用户都知道代码是什么及它执行了什么。

此外，原始开发者创建的地图界面仅供参考，用户还可以建立自己想要的不同的界面。

Etheria 分为 Etheria v1.0、Etheria v1.1 和 Etheria v1.2 3 个版本。Etheria v1.0 是早期开发的一个错误合约，没有交易功能；Etheria v1.1 增加了交易功能；Etheria v1.2 进行通证化，是最新版本，并由创始人进行了一系列的后期开发。

尽管如此，一部分社区成员仍然认为 Etheria v1.1 是以太坊上的第一个 NFT，拥有不可取代的历史地位。

总而言之，Etheria 首创了虚拟土地，链上时间远早于 Decentraland 和 Sandbox，是最早的虚拟地产项目。同时，Etheria 也是以太坊上的第一个 NFT，具有里程碑式的意义。

2. Curio Cards

Curio Cards 是以太坊上的第一个艺术类项目，创建于 2017 年 5 月 9 日。

Curio Cards 是一套数字艺术的集合，出自 7 位不同的艺术家之手，共有 30 个系列，如图 3-64 所示。

图 3-64　Curio Cards（来源：Curio Cards 网站）

Curio Cards 的每个系列数量不同，从 111 张到 2000 张不等，总数量为 29 700 张。据不完全统计，目前约有 4000 张被遗失。

Curio 对现代 NFT 的发展具有重要的推动作用，目前以太坊上的两大 NFT 标准——ERC-721 和 ERC-1155 均借鉴了一部分 Curio Cards 的设计元素，具体如下：

（1）用智能合约直接购买原始艺术品。

（2）将艺术品的 IPFS 哈希嵌入智能合约中。

（3）使用总量恒定的不可分割通证。

（4）在同一个作品系列中使用不同的通证。

（5）拥有锚定艺术品的通证所有权。

2021 年 10 月 1 日，一套 Curio Cards 在全球知名拍卖行佳士得（Christie's）拍卖，成交价为 393ETH，折合 122 万美元。该套 Curio Cards 包括 30 个系列的各一张卡及一个印刷错误的 17B，拍卖页面如图 3-65 所示。

图 3-65　Curio Cards 拍卖页面（来源：佳士得网站）

Curio Cards 的出现早于 Opensea 等 NFT 交易市场，是艺术 NFT 的典型代表。从某意义上讲，Curio Cards 是整个数字古董行业的"晴雨表"，能够反映整个数字古董的市场状况。

| 第 4 章 |

惊天创世，加密头像
开启 NFT 新时代

说到 NFT 和加密艺术，不能不提到 CryptoPunks。作为以太坊上的第一个头像类 NFT，CryptoPunks 不仅创造了多项历史，更启发了 ERC-721 标准的诞生，推动 NFT 进入了新的时代。

4.1　CryptoPunks 项目介绍

1. 项目概述

CryptoPunks 是一系列 24 像素×24 像素的艺术图像，通过算法生成。这套图像基于 ERC-20 发行，数量为 10000 张，每张均具有不同的相貌特征，如图 4-1 所示。

2. 稀有程度

CryptoPunks 的相貌特征通过两个维度进行区分，即类型和属性。每个 CryptoPunks 属于某一种类型，并具有若干种属性。

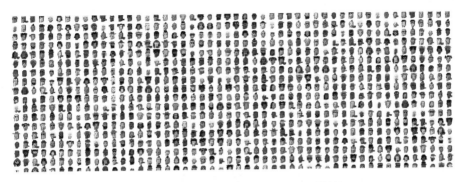

图 4-1　CryptoPunks（来源：Larvalabs 网站）

1）类型

CryptoPunks 有 5 种类型，分别是外星人、猿猴、僵尸、女性和男性，如表 4-1 所示。其中，外星人最为稀缺，仅为 9 张。

表 4-1　CryptoPunks 类型表

类　　型	数　　量	占　　比	范　　例
外星人	9 张	0.09%	
猿猴	24 张	0.24%	
僵尸	88 张	0.88%	
女性	3840 张	38.40%	
男性	6039 张	60.39%	
合计	10000 张		

2）属性

CryptoPunks 的属性有 87 种，如帽子、项链、烟斗等，如表 4-2 所示。其中，无檐小便帽属性最为稀少。

表 4-2　CryptoPunks 属性表

序　号	属　　性	人　数	占　　比	序　号	属　　性	人　数	占　　比
1	无檐小便帽	44	0.62%	5	橙发	68	0.96%
2	宽领带	48	0.68%	6	龅牙	78	1.10%
3	飞行员头盔	54	0.76%	7	护目镜	86	1.22%
4	冠状头饰	55	0.78%	8	辫子	94	1.33%

（续表）

序 号	属 性	人 数	占 比	序 号	属 性	人 数	占 比
9	粉发	95	1.34%	40	紫色眼影	262	3.70%
10	礼帽	115	1.63%	41	车把胡须	263	3.72%
11	脸上有斑	124	1.75%	42	蓝色眼睛	266	3.76%
12	红色脸颊	128	1.81%	43	绿色眼影	271	3.83%
13	金色短发	129	1.82%	44	电子烟	272	3.85%
14	狂野白色	136	1.92%	45	前胡须	273	3.86%
15	牛仔帽	142	2.01%	46	络腮胡	282	3.99%
16	狂野金发	144	2.04%	47	3D眼镜	286	4.04%
17	金色直发	144	2.04%	48	奢华胡须	286	4.04%
18	大胡子	146	2.06%	49	小胡子	288	4.07%
19	红色莫霍克	147	2.08%	50	普通合适胡须	289	4.09%
20	半边剃发	147	2.08%	51	普通胡须	292	4.13%
21	金色鲍勃	147	2.08%	52	眼罩	293	4.14%
22	吸血鬼	147	2.08%	53	山羊胡	295	4.17%
23	绿发	148	2.09%	54	发巾	300	4.24%
24	金色直发	148	2.09%	55	光头	300	4.24%
25	直发	151	2.14%	56	羊排胡须	303	4.28%
26	银项链	156	2.21%	57	波峰头发	303	4.28%
27	黑发	157	2.22%	58	烟斗	317	4.48%
28	紫发	165	2.33%	59	VR眼镜	332	4.69%
29	金项链	169	2.39%	60	紫色帽子	351	4.96%
30	医用口罩	175	2.47%	61	小眼影	378	5.35%
31	流苏帽子	178	2.52%	62	绿色小丑眼睛	382	5.40%
32	软呢帽	186	2.63%	63	蓝色小丑眼睛	384	5.43%
33	警察帽	203	2.87%	64	头带	406	5.74%
34	小丑鼻子	212	3.00%	65	疯狂头发	414	5.85%
35	微笑	238	3.37%	66	针织帽	419	5.92%
36	带檐帽	254	3.59%	67	黑色莫霍克	429	6.07%
37	连衫帽	259	3.66%	68	莫霍克	441	6.24%
38	深色前胡须	260	3.68%	69	薄莫霍克	441	6.24%
39	皱眉	261	3.69%	70	邋遢头发	442	6.25%

（续表）

序　号	属　　性	人　数	占　比	序　号	属　　性	人　数	占　比
71	狂野头发	447	6.32%	80	大太阳镜	535	7.57%
72	凌乱头发	460	6.50%	81	书生眼镜	572	8.09%
73	眼罩	461	6.52%	82	黑口红	617	8.72%
74	细长头发	463	6.55%	83	痣	644	9.11%
75	头巾	481	6.80%	84	紫色口红	655	9.26%
76	经典太阳镜	502	7.10%	85	火热口红	696	9.84%
77	阴影胡须	526	7.44%	86	香烟	961	13.59%
78	常规太阳镜	527	7.45%	87	耳环	2459	34.77%
79	带框眼镜	535	7.57%				

3）属性数量

每个 CryptoPunks 拥有不同数量的属性，从 0 种到 7 种不等，如表 4-3 所示。其中，同时拥有 7 种属性的 CryptoPunks 仅有 1 个，最为稀缺。

表 4-3　CryptoPunks 属性数量表

属 性 数 量	人　　数	占　比
0 种	8	0.08%
1 种	333	3.33%
2 种	3560	35.60%
3 种	4501	45.01%
4 种	1420	14.20%
5 种	166	1.66%
6 种	11	0.11%
7 种	1	0.01%

3. 开发团队

CryptoPunks 的开发团队是 Larva Labs（幼虫实验室），该实验室成立于 2005 年，创始人为程序员 Matt Hall 和 John Watkinson。

Matt Hall 和 John Watkinson 是两名富有创造力的技术专家，对很多领域的软件均有研究，并有很多成功案例。同时，他们还与谷歌、微软等大型公司合作开发过一些应用广泛的软件项目。

4. 发布状况

当 CryptoPunks 发布时，Larva Labs 为自己保留了前 1000 张，然后在 Twitter

和 Reddit 上发布了网站的链接。

在发布后的 5 天里，只有几十个人发现了这个项目并领取了一少部分 CryptoPunks。直到 2017 年 6 月 16 日，科技网站 Mashable 发布了一篇标题为 *This Ethereum-Based Project Could Change How We Think About Digital Art* 的文章后，剩余的 CryptoPunks 才被领完。

5. 历史意义

1）数字艺术的先行者

尽管 Curio Cards 早于 CryptoPunks，但是 Curio Cards 仅仅是将传统艺术转移到区块链，而 CryptoPunks 则开创了一种新的像素艺术风格。

每个时代级的艺术运动都有推动其发展的艺术家，例如，克劳德·莫奈（Claude Monet）推动了印象派艺术运动；André Breton、Max Ernst 和 Salvador Dalí 等人推动了超现实主义的发展；Andy Warhol、Jasper Johns 和 Roy Lichtenstein 普及了波普艺术。

今天，我们进入了数字艺术时代，在这个过程中 CryptoPunks 起到了历史性的重要作用。佳士得拍卖行认为，CryptoPunks 是这场数字艺术运动的指引者。

2）数字收藏的引领者

除了作为艺术品，CryptoPunks 也是数字收藏品，曾在全球知名拍卖行屡次拍出天价，极大地推动了数字收藏品向大众的普及。

3）加密社交头像的推动者

除了艺术品和收藏品，CryptoPunks 的主要落地场景是用作社交媒体平台的 PFP（Profile Picture，个人资料图片），这一点使其具有了天然的自我营销的基因，通过社交网络进行裂变式传播。

就以上某一个单一维度来看，CryptoPunks 并不是第一。在加密艺术领域，Curio Cards 早于 CryptoPunks；在加密收藏领域，SoG 游戏卡早于 CryptoPunks；在加密 PFP 领域，Blockhead 早于 CryptoPunks。

与其他 NFT 相比，CryptoPunks 真正起到了将 NFT 推向大众的实质性作用，具有重要的意义。以 CryptoPunks 为起点，NFT 进入了一个全新的时代。

4.2　CryptoPunks 技术实现

1. CryptoPunks 如何上链

1）早期方案

最初，CryptoPunks 的上链方式是将 10000 张 CryptoPunks 大图的哈希存储在区块链上。该哈希对应唯一一张大图，每个 ID 对应的头像在大图中按照从左到右、从上到下的顺序排列。CryptoPunks 总图包括 100 行、100 列，编号从 #0 到#9999，如图 4-2 所示。

图 4-2　CryptoPunks 总图（来源：Larva Labs 网站）

CryptoPunks 总图链上真实性的验证流程如下。

首先，在 CryptoPunks 的 Github 代码库中可以看到该图的哈希为 ac39 af4793119ee46bbff351d8cb6b5f23da60222126add4268e261199a2921b，如图 4-3 所示。

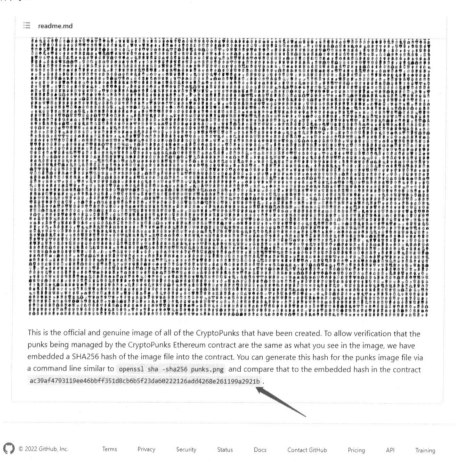

图 4-3　CryptoPunks 总图的哈希

同样，在 GitHub 代码库中找到 CryptoPunks 在以太坊上的合约地址为 0xb47e3cd837dDF8e4c57F05d70Ab865de6e193BBB，如图 4-4 所示。

在以太坊浏览器中输入合约地址 0xb47e3cd837dDF8e4c57F05d70Ab865 de6e193BBB，打开合约界面，如图 4-5 所示。

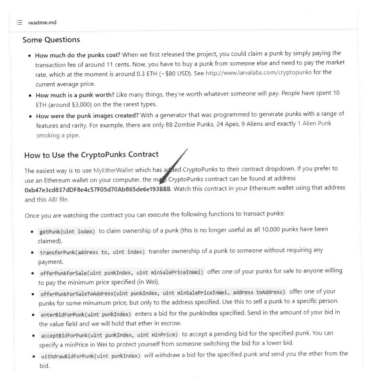

图 4-4　CryptoPunks 的合约地址

图 4-5　CryptoPunks 的合约界面

单击"Contract"按钮，进入合约源码界面，如图4-6所示。

图4-6　CryptoPunks的合约源码界面

从图4-6中可以看到，此处记录的图片哈希与GitHub库中的一致。

那么，这个哈希是否与图片一一对应呢，接下来进行进一步验证。

登录online-convert网站，将CryptoPunks总图（见图4-3）导入，并单击"START"按钮，操作界面如图4-7所示。

图4-7　online-convert网站操作界面（来源：online-convert网站）

生成后的哈希为 ac39af4793119ee46bbff351d8cb6b5f23da60222126add4268 e261199a2921b，如图 4-8 所示。该哈希与 CryptoPunks 代码库的完全一致。

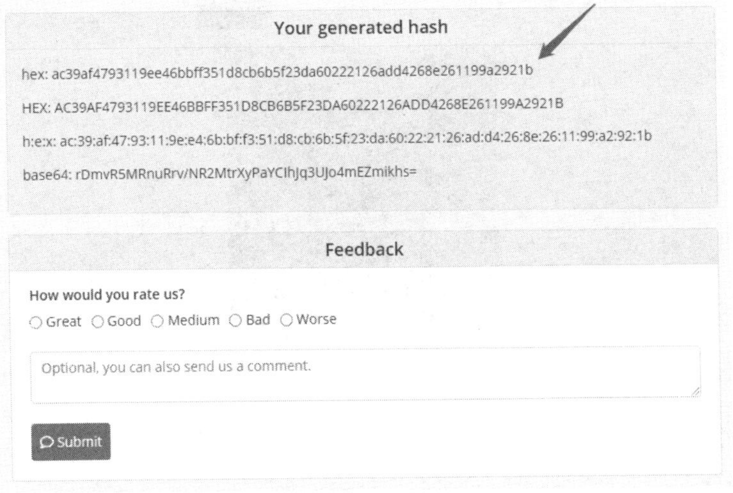

图 4-8　CryptoPunks 总图生成的哈希（来源：online-convert 网站）

由此可见，仅有唯一一张 CryptoPunks 总图可以生成该哈希，该哈希也唯一对应这张图片。

2）最新方案

上述方案虽然明确了 CryptoPunks 总图的唯一性，但是没有准确说明每个 CryptoPunk 的编号与图像的对应关系。

2021 年 8 月，在社区成员 snowfro 和 0xdeafbeef 的推动下，Larva Labs 团队推出了新的方案，将 CryptoPunks 的图像和属性上链。用户可以在 Etherscan 上访问此合约，并直接以原始像素集或 SVG 形式查询 CryptoPunks 图像，还可以查询 CryptoPunk 的属性。

用户还可以通过 Larva Labs 网站在 2021 年 8 月 18 日发布的查询链接中查询每个编号的 CryptoPunk 的图像和属性，以 CryptoPunk #1778 举例，如图 4-9 所示。

图像上链的具体方法如下：以编号 1778 的 CryptoPunk 为例，在"index"文本框中输入"1778"后，单击"Query"按钮，即可生成 16 进制的颜色编码，如图 4-10 所示。

Male 2, Muttonchops, Do-rag

图 4-9　CryptoPunk #1778 的图像和属性

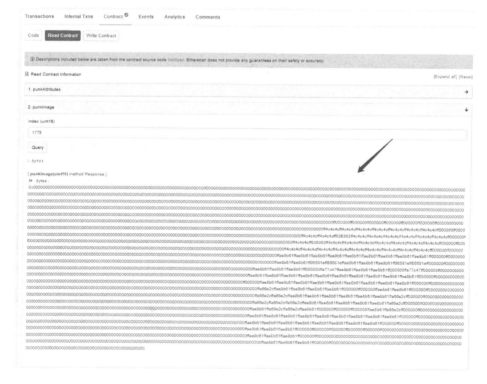

图 4-10　CryptoPunk #1778 的颜色编码

上述颜色编码中，"0x"表示 16 进制，不属于颜色编码内容，将其删除后，将该组颜色编码进行提取，如图 4-11 所示。

```
" 0000000000000000000000000000000000000000000000000000000000000000000000000000000000000000
0000000000000000000000000000000000000000000000000000000000000000000000000000000000000000
0000000000000000000000000000000000000000000000000000000000000000000000000000000000000000
0000000000000000000000000000000000000000000000000000000000000000000000000000000000000000
0000000000000000000000000000000000000000000000000000000000000000000000000000000000000000
0000000000000000000000000000000000000000000000000000000000000000000000000000000000000000
0000000000000000000000000000000000000000000000000000000000000000000000000000000000000000
0000000000000000000000000000ff000000ff000000ff000000ff000000ff000000ff000000
ff000000000000000000000000000000000000000000000000000000000000000000000000000000
00000000000000000000000000ff4c4c4cff4c4c4cff4c4c4cff4c4c4cff4c4c4cff4c4c4cff000000ff00000000000000000000000000ff4c4c4c
4cff636363ff4c4c4cff4c4c4cff4c4c4cff4c4c4cff4c4c4cff000000ff00000000000000000000000000ff4c4c4c4cff4c4c
0000000000000000000000000000000000ff4c4c4cff636363ff4c4c4cff4c4c4cff4c4c4cff4c4c
4cff4c4c4cff000000ff00000000000000000000ff4c4c4cff4c4c4cff4c4c4cff4c4c4cff4c4c4cff4c4c4cff4c4c4cff000000ff000000
00000000000000000000000000000000ff4c4c4cff4c4c4cff4c4c4cff4c4c4cff4c4c4cff4c4c4cff4c4c4cff000000ff000000
0000000000000000000000000000000000000ffae8b
61ffae8b61ffae8b61ffae8b61ffae8b61ffae8b61ffae8b61ffae8b61ff000000ff000000000000000000000000000000000000
000000000000000000000000000000000000ffae8b61ffae8b61ff86581eff86581effae8b61ffa
e8b61ffae8b61ff86581eff86581eff000000ff000000000000000000000000000000000000000000
0000000000000000000000000000ffae8b61ffae8b61ffae8b61ff000000ffa77c47ffae8b61ffae8b61ffae8b61ff000000ff000000000000ffae8b
61ffae8b61ffae8b61ffae8b61ffae8b61ffae8b61ffae8b61ffae8b61ffae8b61ff000000ff000000000000000000000000000000000000
8b61ffae8b61ffae8b61ffae8b61ffae8b61ff000000ff000000ffae8b61ffae8b61ffae8b61ffae
8b61ffae8b61ff000000ff000000000000000000000000ffa66e2cffae8b61ffae8b61ffae8b61ffae8b61ff000000ff000000ffae8b61ffae8b61f
f000000ff000000000000000000000000000000ffa66e2cffa66e2cffae8b61ffae8b61ffae8b61ffae8b61ffae8b61ffa66e2cff000000ff000000000000000000000000
00000000000ffa66e2cffa66e2cffae8b61ffae8b61ffae8b61ffae8b61ffa66e2cff000000ff000000000000000000000000ffa66e2cffa66e2cffa66e2cffae
8b61ffae8b61ffae8b61ffae8b61ffa66e2cff000000ff000000000000000000000000ffae8b61ffa66e2cffa66e2cffae8b61ff000000ff000000ff000000ffae8b61f
fa66e2cff000000ff000000000000000000000000ffae8b61ffae8b61ffae8b61ffae8b61ffae8b61ffae8b61ffae8b61ffae8b61ff000000ff000000000000000000
0000000000000ffae8b61ffae8b61ffae8b61ffae8b61ffae8b61ffae8b61ff000000ff000000000000000000000000ffae8b61ffae8b61ff
ae8b61ffae8b61ffae8b61ffae8b61ff000000ff000000000000000000000000ffae8b61ffae8b61ffae8b61ff000000ff000000ff000000ff000000
000ff000000ff000000000000000000000000000000ffae8b61ffae8b61ffae8b61ff000000ff000000000000000000000000000000
00ffae8b61ffae8b61ffae8b61ff000000ff000000000000000000000000000000000000
000000000000000000000000000 "
```

图 4-11 CryptoPunk #1778 的颜色编码提取结果

该段编码共计 4608 个字符。数量计算逻辑如下：每张 CryptoPunks 图像拥有 576（24×24）个像素块，每个像素块使用 8 个字符的 16 进制颜色编码，因此，字符数位是 576×8=4608。

使用简单的 Excel 文本函数 MIDB 截取指定字符，对以上 4608 个字符进行重新排列，按照 24×24 的矩阵进行表示，如图 4-12 所示。

上述每个单元格中的编码代表一个像素格的颜色，横向 24 个像素格，纵向 24 素格，共同组成了一个 CryptoPunks 头像。

任取一个有色彩的单元格进行颜色编码说明，以第 7 行、第 9 列的

"4c4c4cff"为例。这种颜色表示格式为 RGBA 的 16 进制表示法，即 RRGGBBAA。

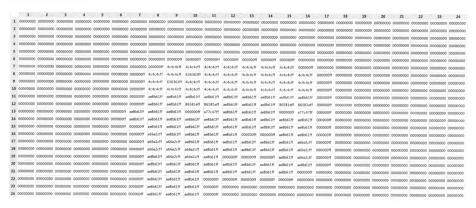

图 4-12　CryptoPunk #1778 的颜色编码 24×24 矩阵

RGB 色彩模式是工业界的一种颜色标准，其通过对红（R）、绿（G）、蓝（B）3 个颜色通道的变化，以及它们相互之间的叠加来得到各式各样的颜色，RGB 代表红、绿、蓝 3 个通道的颜色，这个标准几乎包括了人类视力所能感知的所有颜色，是运用最广的颜色系统之一。

RGBA（Red-Green-Blue-Alpha）在 RGB 色彩模式上扩展包括了"alpha"通道，即对颜色值进行透明度定义。其中，00 代表完全透明的颜色，ff 代表完全不透明的颜色。

因此，"4c4c4cff"表示的是某一种完全不透明的颜色。

使用 Excel 进行简单编程，将图 4-11 中的 24×24 个像素格的颜色全部显示出来。程序如图 4-13 所示。

```
Sub PunkRGBA()
    Dim i As Integer, j As Integer, R As Integer, G As Integer, B As Integer, A As Integer
    For i = 6 To 29
        For j = 6 To 29
            R = Application.WorksheetFunction.Hex2Dec(Mid(Cells(i, j), 1, 2))
            G = Application.WorksheetFunction.Hex2Dec(Mid(Cells(i, j), 3, 2))
            B = Application.WorksheetFunction.Hex2Dec(Mid(Cells(i, j), 5, 2))
            A = Application.WorksheetFunction.Hex2Dec(Mid(Cells(i, j), 7, 2))
            If A = 0 Then
                R = 255
                G = 255
                B = 255
            End If
            Range(Cells(i, j), Cells(i, j)).Interior.Color = RGB(R, G, B)

            If A = 0 Then
                R = 99
                G = 133
                B = 150
            End If
            Range(Cells(i, j + 27), Cells(i, j + 27)).Interior.Color = RGB(R, G, B)
        Next j
    Next i
End Sub
```

图 4-13　Excel 的颜色显示程序

在 Excel 中运行该程序，生成 CryptoPunk #8888 的图像，如图 4-14 所示。

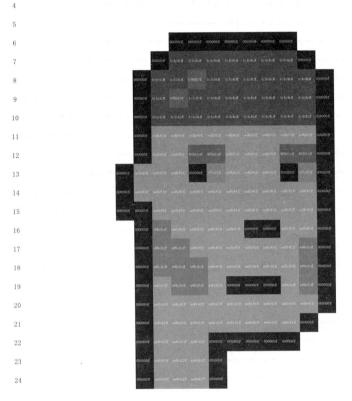

图 4-14　用 Excel 生成的 CryptoPunk #8888 图像

2．CryptoPunks 如何生成

CryptoPunks 由一套算法生成，Lavra Labs 并没有在 GitHub 中公布生成 10000 张不同头像的开源代码。

技术专家 Gerald Bauer 在其创建的 GitHub 代码库"Crypto Punk's Not Dead"中详细介绍了创造类似于 CryptoPunks 的像素头像的生成逻辑，并进行了案例演示，如图 4-15 所示。

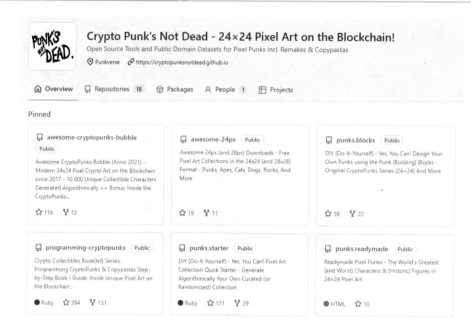

图 4-15　GitHub 代码库 "Crypto Punk's Not Dead"

每个像素头像的主体由 7 个部分组成，即脸、嘴、鼻子、眼睛、耳朵、胡须、头发，其中脸、嘴、鼻子、眼睛、耳朵是必需的，胡须和头发是可选的。其他配饰包括帽子、眼镜、烟斗、项链等，在主体上进行添加。

头像实现的各个部分代码描述如下。

```
PARTS = {
  face: { required: true,
          attributes: [['', 'u'],
                       ['', 'u']] },
  mouth: { required: true,
         attributes: [['Black Lipstick', 'f'],
                      ['Red Lipstick',   'f'],
                      ['Smile',          'u'],
                      ['',               'u'],
                      ['Teeth Smile',    'm'],
                      ['Purple Lipstick', 'f']] },
  nose: { required: true,
        attributes: [['',        'u'],
```

```
                              ['Nose Ring', 'u']] },
        eyes: { required: true,
                attributes: [['',              'u'],
                              ['Asian Eyes',    'u'],
                              ['Sun Glasses',   'u'],
                              ['Red Glasses',   'u'],
                              ['Round Eyes',    'u']] },
        ears: { required: true,
                attributes: [['',              'u'],
                              ['Left Earring', 'u'],
                              ['Right Earring', 'u'],
                              ['Two Earrings', 'u']] },
        beard: { required: false,
                attributes: [['Brown Beard',     'm'],
                              ['Mustache-Beard', 'm'],
                              ['Mustache',       'm'],
                              ['Regular Beard',  'm']] },
        hair: { required: false,
                attributes: [['Up Hair',        'm'],
                              ['Down Hair',      'u'],
                              ['Mahawk',         'u'],
                              ['Red Mahawk',     'u'],
                              ['Orange Hair',    'u'],
                              ['Bubble Hair',    'm'],
                              ['Emo Hair',       'u'],
                              ['Thin Hair',      'm'],
                              ['Bald',           'm'],
                              ['Blonde Hair',    'f'],
                              ['Caret Hair',     'f'],
                              ['Pony Tails'      'f']] }
    }
```

预览效果如图 4-16 所示。

下面以"金发女郎"的实现方式进行举例。金发女郎包括以下 4 种属性：红色唇膏、鼻环、太阳眼镜、金发，生成代码如下。

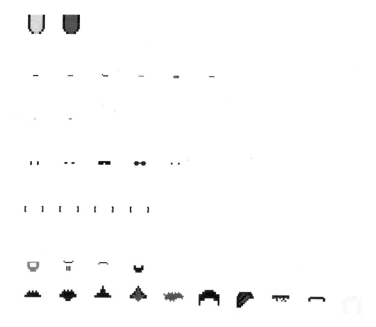

图4-16 头像各个部分效果图（来源：CryptoPunksnotdead）

```
require 'pixelart'    ## helper library for pixel art images
(in .png)

def generate_punk( codes )
 punk = Pixelart::Image.new( 56, 56 )

 PARTS.each_with_index do |(key,part),i|
  code  = codes[i]
  if code != 0   ## if code 0 - skip optional part

   ## for debugging print attributes with names (size not
   0, that is, "")
   attribute = part[:attributes][ code-1 ]
   puts "#{key}#{code} - #{attribute[0]}  (#{attribute[1]})"
   if attribute[0].size > 0

   ## compose parts on top (from face to accessoire)
   path = "./i/parts/#{key}/#{key}#{code}.png"
   part = Pixelart::Image.read( path )
```

```
    punk.compose!( part )
  end
end

punk
end
  codes = [2, 2, 2, 3, 1, 0, 10]
  punk = generate_punk( codes )
  punk.save( './punk-0000.png' )
  mouth2 - Red Lipstick (f)
  nose2 - Nose Ring (u)
  eyes3 - Sun Glasses (u)
  hair10 - Blonde Hair (f)
```

实现效果如图 4-17 所示。

图 4-17　头像实现效果图（来源：CryptoPunksnotdead）

该算法的主要逻辑是先生成一个空的 24 像素×24 像素的图像/画布，然后逐个添加各个组成要素。

4.3　CryptoPunks 价值基础

CryptoPunks 不仅是一个 PFP 图片，还是具有深厚的价值基础的时代标志，主要表现在以下 8 个方面。

1. 时间先机

CryptoPunks 是基于 ERC-20 发布的，早在 ERC-721 出现之前已经上线。而且，CryptoPunks 从某种意义上讲，对 ERC-721 的诞生起到了启发作用。

CryptoPunks 是第一个真正意义上的 NFT，在 PFP 赛道占据了首发位置。

2. 颠覆创新

正如比特币引出了区块链概念一样，CryptoPunks 的灵感促使了 ERC-721 的出现。

CryptoPunks 基于以太坊 ERC-20 标准，做出来一万个不可再次分割的像素头像。这一点在当时同质化代币的时代，是一个革命性的创新。这个创新极大地促进了 ERC-721 标准的诞生。正是因为 ERC-721 的出现，才有了当今如火如荼的 NFT 市场。

现在很多的 10K 项目（数量为 1000 的 NFT 项目），都是在数字身份赛道的局部性创新，如 Hashmask 的代币更名创新，以及各类项目图像艺术创新和俱乐部创新。这些项目无法从根本上超越 CryptoPunks 的龙头地位。

3. 去中心化

去中心化是一个重要的价值属性。

团队对于项目的干预分为正向干预和负向干预，以 BAYC（NFT 无聊猴项目）为例，在团队的出色运营下，社区蓬勃发展，成为仅次于 CryptoPunks 的数字身份项目。但是，如果团队负向操控项目，利用项目"割韭菜"，那么项目最终会毁于一旦，沦为空气，而完全的去中心化则规避了这一风险。

CryptoPunks 团队对于项目运营基本上没有干预，只预留了 1000 个头像，并且除了提供 Discord 交流和交易市场，并无其他运营行为。所以，CryptoPunks 和比特币类似，已经实现了一定意义上的去中心化。

4. 价值载体

在 NFT 行业，数字身份是 NFT 赛道的头部赛道，而 CryptoPunks 又是数字赛道的头部项目。因此，从某种意义上讲，CryptoPunks 承载了整个 NFT 行业的价值。

5. 落地场景

CryptoPunks 不仅仅是一张 JPEG 图片，更是具有应用场景的产品，它解决了人类社会迈入数字世界之后的一些关键痛点。

首先，CryptoPunks 是一个数字 PFP 身份，在网络世界乃至未来的元宇宙中，这是一个刚需。每个人在数字世界里必须有一个数字身份。数字身份的另一个作用在于获得被他人尊重的需求，类似于现实社会中身份和头衔带来的被尊重或被崇拜感。在数字世界中，同样存在这类需求。在马斯洛的需求层次理论中，该需求称为自我实现和被尊重的需求。CryptoPunks 的稀缺性和高价格很好地满足了数字世界的这种需求。

其次，CryptoPunks 是一个圈层资格。每个人都希望结交比自己更加优秀的人脉，而 CryptoPunks 提供了一个全球高净值人群的圈层。持有 CryptoPunks，将与全球范围内同样持有 CryptoPunks 的人产生联系。

6. 收藏属性

最初，人们给比特币寄予了支付属性。但是，在区块链技术尚不成熟的早期阶段，去中心化必然以牺牲效率为代价。低效率、高成本和价格剧烈波动性使得比特币很难作为一个支付工具。尽管闪电网络试图解决这一问题，但目前仍不尽如人意。因此，比特币最终将成为具有收藏属性的价值锚定物，而不会成为货币。

同样，CryptoPunks 具有与生俱来的收藏属性，不仅仅是数字头像，更是数字收藏品。24 像素×24 像素风格头像，具有艺术欣赏价值，在数字艺术领域同样具有一席之地。

CryptoPunks 先后在佳士得、苏富比这两大世界级的拍卖行拍出天价，足以证明传统收藏界对其的认可。同时，已有知名展览馆及 VISA 这样的企业把 CryptoPunks 作为收藏品资产来配置。CryptoPunks 在数字世界的顶级收藏价值已经得到各界公认。

7. 马太效应

在传统经济领域，强者愈强，巨头利用自己的地位会获得更多的优势。在 NFT 领域，这个道理同样适用。

暂且不说猴子、狗、企鹅、猫之类的 10K 项目，单单 CryptoPunks 的衍生品就高达数十种，如老人朋克、小孩朋克、X 光朋克、口罩朋克、BSC 朋克、波场朋克等。这些项目的发展和营销，对 CryptoPunks 起到了添砖加瓦的作用。他们的宣传，相当于替 CryptoPunks 做了广告。正是因为他们的宣传，很多人才知道了他们模仿的对象是 CryptoPunks。因此，遍地开花的 CryptoPunks 衍生品和模仿项目，不仅不会稀释其价值，反而会形成马太效应，使得 CryptoPunks 的龙头地位更加稳固。

8. 未来空间

对于 CryptoPunks 而言，其所处的 NFT 及元宇宙领域更是极早期阶段。未来随着传统投资圈、收藏圈、艺术圈人士的入局，将迎来更广阔的发展空间。

以收藏品举例，未来数字收藏品占所有收藏品的占比是多少？数字收藏品当中 CryptoPunks 的占比是多少？这两个简单的问题，可以判断仅作为收藏品这一项属性时 CryptoPunks 的未来价值。

| 第 5 章 |

后继接力，创意项目破茧而出

在 CryptoPunks 之后，以太坊上涌现出了一批在当时极具创新的 NFT 项目。它们可能存在瑕疵，不如后来的 NFT 项目那么完美，但是，站在历史的角度来审视，它们可以被奉为永恒的经典之作。

5.1　MoonCatRescue，最早的链上宠物

MoonCatRescue 创建于 2017 年 8 月 9 日，是以太坊上继 CryptoPunks 之后的第二个 NFT 项目，MoonCat 共有 25440 个，其形态如图 5-1 所示。

图 5-1　MoonCats（来源：MoonCats 网站）

在 25440 个 MoonCat 中，96 只被称为创世纪猫，它们具有唯一的黑色或

白色（有时是灰色），另外 25344 只是救援猫，由用户进行铸造。

MoonCatRescue 由名为 Ponderware 的两位以太坊爱好者组成的二人开发组创建，由于缺乏运营和推广，这个项目在当时并没有引起市场的注意。随后，开发团队放弃了这个项目。在接下来的几年，MoonCatRescue 一直无人问津，大量的 MoonCats 没有被铸造。

直到 2021 年，NFT 热潮来临时，一些加密考古者再次发现了这个项目。当时，MoonCatRescue 的前端网站已经消失，考古者在区块链上找到了项目的代码，并把它复活。在短短的几个小时内，MoonCats 被铸造一空，MoonCats 社区重新诞生。

同时，开发组 Ponderware 重新启动了与项目的联系，完善网站并维护社区，MoonCatRescue 起死回生并被市场广泛关注。

原先，MoonCat 的元数据存储在链上，图像并不在链上。2022 年 1 月 13 日，开发团队在以太坊上增加了一系列智能合约，其中包括生成 MoonCats 图像所需的所有数据。用户可以使用智能合约直接从链上生成 MoonCats 图像。

MoonCats 相对于 CryptoPunks 的一个重大创新，是拥有可扩展的配饰系统。任何人都可以使用配饰设计器创建配饰，并自由地在自己的 MoonCat 上穿戴或脱下。配饰也是一种链上收藏品，可以由创建者指定稀缺性和价格，并在配饰市场出售。

除此之外，每只 MoonCat 可以由其主人命名一次，这些名称不可变地存储在以太坊区块链上。这种用户参与定制的思想，在当时是一种难得的创新。

5.2 Digital Zones，真正的艺术是虚无

Digital Zones 的全称是 Digital Zones of Immaterial Pictorial Sensibility，由艺术家 Mitchell F. Chan 在 2017 年 8 月 30 日铸造，如图 5-2 所示。

Digital Zones 是一个纯粹概念性的非物质性艺术品，它不是以物质形式存在的，我们无法看到它，只能通过想象的方式来感知它。人们所看到的图片只是一个收据，这个收据由 Mitchell F. Chan 亲自签发，相当于欣赏这个艺术品的门票。

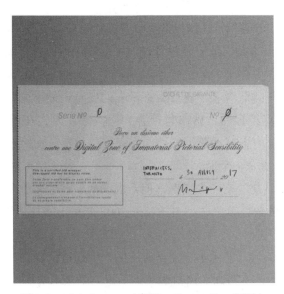

图 5-2　Digital Zones（来源：Chan.gallery 网站）

Digital Zones 的灵感来自 1962 年法国前卫艺术家 Yves Klein 的作品。这幅作品是无形的，或者说只是一些空气而已，买家当时花费了 14 块金锭换取了 Yves Klein 签发的一张收据，并在事后烧毁了这张收据，燃烧仪式如图 5-3 所示。

图 5-3　Yves Klein 作品的燃烧仪式（来源：Fingerprints DAO）

此事在当时引起轰动，法国报纸更是刊登了题为《Klein 卖空气》的新闻。

早在 1958 年，Yves Klein 就举行过同类展览。他把一个画廊完全清空，然后全部刷成白墙，并邀请人们进行参观。当时，大约 3000 名观众在一间空荡荡的白色小房间里排队观看一场什么都没有的展览。最不可思议的是，这次展览的作品以 20 克纯金的价格出售，并售出两幅。人们在看完之后，有的沮丧，有的困惑，还有人感动落泪。法国作家阿尔伯特·加缪在展览留言簿上留下了如下字条："虚空，全能。"

Yves Klein 生前经常受人嘲讽，但是现在他却被越来越多的艺术家和收藏家认可，他创作的蓝色单色作品 IKB1 在 2008 年由苏富比以 17400000 美元的价格售出。

Yves Klein 认为，艺术不一定是有形的，他通过消除物理外形限制的方式来挑战更加前卫的艺术概念。用户购买的不是一个艺术实体，而是一种体验。

若干年后，Mitchell F. Chan 利用区块链技术再现了 Yves Klein 的艺术理念。该 NFT 作品采用 ERC-20 发行，链接到一张空白的网页。值得一提的是，该链接在 Steem 区块链的分叉中被遗失，真正变得虚无，成为"非物质"。

Digital Zones NFT 的名称取自 Yves Klein 创作的经典蓝色作品 *International Klein Blue* 的首字母 IKB。该 NFT 采用联合曲线的形式发行，智能合约只接收 ETH 作为付款，并保留了一半 ETH 存放在合约中，如果用户烧掉其持有的收据，对应 ETH 会同时被烧掉。

原来的 Digital Zones NFT 是基于 ERC-20 的，现在它已经被包装到 ERC-721 中，并且图片存储在 IPFS 上。包装后的合约地址如下：

Contract Address: 0x80F1Ed6A1Ac694317dC5719dB099a440627D1ea7

Digital Zones 是一个经典的 NFT 艺术品，是将艺术和物质分离的首次链上尝试。Digital Zones 系列 NFT 备受市场追捧，其中，IKB Series【0】No. 10 作品在苏富比拍卖行以 153 万美元成交。

5.3 Lunar Moon Plots，"月球"土地开发商

Lunar Moon Plots 是一个"月球"地产项目，创建于 2017 年 10 月 20 日，

该项目共有 400 个地块，大小、形状和位置各不相同，如图 5-4 所示。

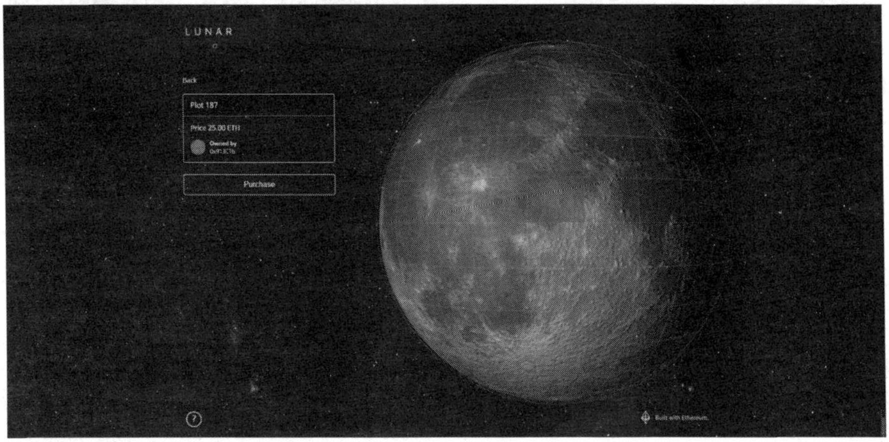

图 5-4　Lunar Moon Plots（来源：Lunar Moon Plots 网站）

Lunar Moon Plots 实施了一个虚拟的"月球"殖民计划，是历史上第一个把虚拟地产延伸至外太空的项目，具有超前的想象力。

5.4　Creeps & Weirdos，纯粹的手工艺术

Creeps & Weirdos 创建于 2017 年 10 月 31 日，由全球 30 位艺术家在 DADA 上完成。Creeps & Weirdos 的早期版本基于 ERC-20 建立，包含 108 幅不同绘画的精选集合，总量为 16600 份。

著名的 NFT 基金 Metapurse 曾以 500 ETH 的价格购买了一整套具有历史意义的 2017 Creeps & Weirdos NFT Collection 合集，如图 5-5 所示。

DADA 是一个艺术创作平台和艺术家社区，是来自世界各地的人们的虚拟家园。在 DADA 的去中心化社区中，包括很多在区块链行业有影响力的艺术家、技术专家、研究人员和收藏家，他们至今仍然非常活跃。

2019 年，Creeps & Weirdos 开发团队将其智能合约升级为最新的 ERC-721 标准。新版的 Creeps & Weirdos 供应量减少了一半，并空投给了 2017 年的 Creeps & Weirdos 收藏家。同时，他们暂停了 2017 年的智能合约。

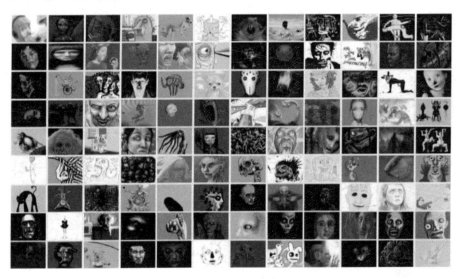

图 5-5   2017 Creeps & Weirdos 合集（来源：DADA.art 网站）

2021 年 3 月，2017 年版的 Creeps & Weirdos 被 NFT 考古者发现，开发团队重启了合约。因此，Creeps & Weirdos 被分成两个版本，一个是 ERC-20 版本的 2017 Creep ，另一个是 ERC-721 版本的 2019 Weirdo。

需要注意的是，对于 2017 Creep 而言，有两种不同的铸造时间，第一种是 2017—2018 年，即 Creeps & Weirdos 最早发布的时候；第二种是 2021 年，即其合约被重启之后。

Creeps & Weirdos 项目的灵感来自 Rare Pepe 和 Cryptopunks，并且采用了经过修改的 CryptoPunks 的智能合约代码 。

Creeps & Weirdos 是加密收藏品和稀有数字艺术品的混合体，不是交易卡、PFP 或游戏，而是真正的艺术。Creeps & Weirdos 全部由艺术家手工创作，是加密艺术的早期代表，为当今的加密艺术奠定了基础。

5.5 CryptoCats，数量稀缺的数字小猫

CryptoCats 是一系列可爱的 8bit 的数字小猫，于 2017 年 11 月 12 日创建在以太坊上，总量仅有 625 枚，如图 5-6 所示。

图 5-6 CryptoCats（来源：CryptoCats 网站）

CryptoCats 被看作 CryptoPunks 的第一个分叉项目，实际上 CryptoPunks 开发团队 Larva Labs 创始人之一 John Watkinson 曾经发推称，其参与创作了一部分带有 CryptoPunks 元素的 CryptoCats，如图 5-7 所示。

图 5-7 带有 CryptoPunks 元素的 CryptoCats（来源：CryptoCats 网站）

CryptoCats 系列包含 3 个版本。每次新版本发布时，上一次版本会迁移到新版本的合约中。CryptoCats 的第 3 版本，也就是最新版本，在 2017 年 24 日发布。所有的 CryptoCats 链上记录可以通过合约持有者的地址找到，其地址如下：0xd7148578159b87a9EFA2f0290531B44b0f9063D1。

CryptoCats 的 3 个版本的发布时间和合约地址分别如下。

1）第一次发布

时间：2017 年 11 月 12 日。

数量：12 只猫。

合约地址：0xC4AA7a486c054E6F277712C7D82DB1A3A1DBE758。

2）第二次发布

时间：2017 年 11 月 25 日。

数量：177 只猫。

合约：0xa185b9e63fb83a5a1a13a4460b8e8605672b6020。

3）第三次发布

时间：2017 年 12 月 24 日。

数量：436 只猫。

合约：0x088C6Ad962812b5Aa905BA6F3c5c145f9D4C079f。

尽管前两次发布非常成功，第二次发布甚至赢得了澳大利亚悉尼举办的区块链黑客马拉松第一名，但是第三次发布的 CryptoCats 并没有全部铸造。

2021 年 3 月，NFT 考古者发现了没有被认领的 200 只 CryptoCats，迅速把它们抢购一空。

相比 MoonCatRescue，CryptoCats 数量非常稀少且具有 CryptoPunks 元素，在以太坊 NFT 发展史上留下了重要一笔。

第三篇 创新篇

| 第 6 章 |

悄然启航，NFT 标准为行业奠基

NFT 行业蓬勃发展，亟待统一规范的出现。ERC-721 标准、ERC-1155 标准等系列标准为以太坊上的 NFT 项目建立了统一的代码规则，为整个 NFT 行业创新发展奠定了重要基础。

6.1 ERC-721 标准

ERC-721 是一个免费的开放标准，在 2018 年 1 月由 William Entriken、Dieter Shirley、Jacob Evans 和 Nastassia Sachs 共同建立。ERC-721 标准描述了如何在以太坊区块链上构建 NFT，它确保了通证是不可替代的或唯一的。ERC-721 是 2018 年开发的第一个 NFT 标准。它在智能合约中实现了通证的 API，帮助用户与代币进行交互并接收交互证明。在 ERC-721 标准中，NFT 可以来自同一个智能合约，但由于其链上年龄或稀有性而具有不同的价值。

1. 唯一性实现

NFT 智能合约有一个由 uint256 变量定义的通证 ID，这个 ID 是全球唯一的。每个 NFT 都通过一个 uint256 ID 来识别。该通证 ID 可以在 DApp 进行输入，该 DApp 使用转换器将 ID 输出为数字收藏品。这些通证 ID 也被称为 NFT

标识符，它们在智能合约的生命周期内不会改变。

2．传输方式

NFT 可以通过两种方式进行传输。

1）安全传输

安全传输通过一个安全的转移函数 safeTransferFrom()进行传输，它可以验证 msg.sender 触发该函数的用户是通证的所有者还是被允许转移通证的授权用户。

2）非安全传输

非安全传输通过函数 transferFrom()进行传输，没有初步授权验证。通证开发人员负责在此函数中实现一段代码，以验证负责调用该函数的人是否有权这样做。在此函数中，调用它的用户必须验证接收者是否有权接收通证。如果不执行这些验证，通证可能会永远丢失。

3．铸造与销毁

NFT 的创建称为铸造，将其锁定在链上称为销毁。虽然 ERC-721 标准没有定义铸造和销毁，但是 NFT 的开发者可以通过其他方式来实现。

4．代码简介

每个符合 ERC-721 标准的合约都必须实现 ERC-721 接口，并同时遵守 ERC-165 接口规范。

ERC-721 标准化接口如下：

```
pragma solidity ^0.4.20;
interface ERC721 {
    function balanceOf(address _owner) external view returns
    (uint256);
    function ownerOf(uint256 _tokenId) external view returns
    (address);
    function safeTransferFrom(address _from, address _to,
    uint256 _tokenId, bytes data) external payable;
    function safeTransferFrom(address _from, address _to,
    uint256 _tokenId) external payable;
```

```
    function transferFrom(address _from, address _to, uint256
    _tokenId) external payable;
    function approve(address _approved, uint256 _tokenId)
    external payable;
    function setApprovalForAll(address _operator, bool
    _approved) external;
    function getApproved(uint256 _tokenId) external view
    returns (address);
    function isApprovedForAll(address _owner, address
    _operator) external view returns (bool);
    event Transfer(address indexed _from, address indexed
    _to, uint256 indexed _tokenId);
    event Approval(address indexed _owner, address indexed
    _approved, uint256 indexed _tokenId);
    event ApprovalForAll(address indexed _owner, address
    indexed _operator, bool _approved);
}
```

ERC-721 接口包括以下功能。

1）查询

（1）通过 TokenID 查询拥有该 TokenID 的钱包地址，函数如下：

```
function ownerOf(uint256 _tokenId) external view returns
(address);
```

（2）查询某个钱包地址下的通证数量，函数如下：

```
function balanceOf(address _owner) external view returns
(uint256);
```

2）授权

（1）对管理员账户地址开启或关闭授权，函数如下：

```
function setApprovalForAll(address _operator, bool _approved)
external;
```

（2）授权某个地址代替自己执行交易，函数如下：

```
function approve(address _approved, uint256 _tokenId) external
payable;
```

（3）通过 TokenID 获取授权地址，函数如下：

```
function getApproved(uint256 _tokenId) external view returns
```

```
(address);
```

（4）检查管理员是否被地址所有者授权，函数如下：

```
function isApprovedForAll(address _owner, address _operator)
external view returns (bool);
```

（5）通过授权触发某个事件，函数如下：

```
event Approval(address indexed _owner, address indexed
_approved, uint256 indexed _tokenId);
```

（6）通过设置授权状态触发某个事件，函数如下：

```
event ApprovalForAll(address indexed _owner, address indexed
_operator, bool _approved);
```

3）转账

（1）将 TokenID 使用权转移给另一个地址，函数如下：

```
function transferFrom(address _from, address _to, uint256
_tokenId) external payable;
```

（2）通过转账触发某个事件，函数如下：

```
event Transfer(address indexed _from, address indexed _to,
uint256 indexed _tokenId);
```

6.2　ERC-1155 标准

　　ERC-1155 是另一个非常流行的 NFT 标准，由以太坊上的区块链游戏开发平台的技术负责人 Witek Radomski 在 2018 年 6 月提出，并在 2019 年 6 月正式成为以太坊的官方标准。

　　ERC-1155 是一种多资产通证标准，可用于在以太坊上创建可替代和不可替代通证，它的核心概念是单个智能合约可以管理无限数量的代币。ERC-1155 通证介于 ERC-20 通证和 ERC-721 通证之间，是一种半同质化通证。如果把同质化通证比作可以分割的金钱，把非同质化通证比作独一无二的收藏品，那么，半同质化通证就像商场折扣券，不同商场的折扣券不同，且每个商场的折扣券有很多。

　　ERC-1155 允许用户使用相同的地址和智能合约注册可替代（ERC-20）和不可替代（ERC-721）通证。该通证标准最初是针对游戏开发的，其中可替代通证可以代表游戏中的交易货币，不可替代物品可以代表游戏内收藏品和游戏内可交换资产。

虽然 ERC-1155 支持创建多个资产，但同时也节省了交易成本。除此之外，开发者还可基于 ERC-1155 实现通证托管和原子交换等功能。

1．为什么需要 ERC-1155

ERC-20 仅限于可替代通证，而 ERC-721 仅限于具有单个的唯一通证。这两种通证类型无法兼容，也不可混合。

ERC-1155 兼具了两者的特性，可以为游戏创建成千上万种不同类型的项目。每个 ERC-1155 通证都具有唯一的索引标识，而且可以被同一集合下的其他通证替代。

ERC-1155 通证被视为合约中的一个组合，因此它们保留了组合内部的可替代性。例如，用户可以持有游戏中的一把道具"寒冰剑"，编号为 100，这把剑属于"寒冰剑"的这个 NFT 集合，同时又可以与其他任意一把"寒冰剑"替换。

ERC-1155 标准可以使可替代通证和不可替代通证混合应用，对未来 NFT 的发展具有重要意义。

2．ERC-1155 的优势

1）简化原子交换步骤

原子交换指的是自动交换通证，即在没有中介的情况下，将一种通证转换为另一种通证。

对于 ERC-20 和 ERC-721 通证而言，由于它们被隔离在单独的合约中，因此，完成两个通证的原子交换需要 4 个步骤，如图 6-1 所示。

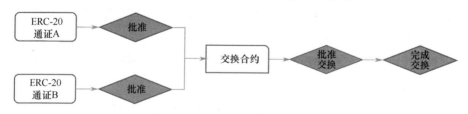

图 6-1　ERC-20 通证原子交换

在 ERC-1155 合约中，只需要两个步骤即可交换任意数量的通证，如图 6-2 所示。

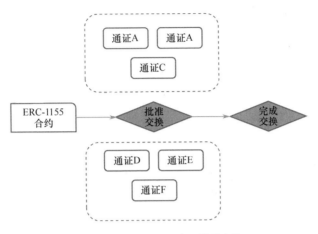

图 6-2　ERC-1155 通证原子交换

2）提升批量转账效率

ERC-20 和 ERC-721 通证转移的方式为单笔执行，效率不高。例如，在超市购物结账时，每件商品需要单独结账一次，并单独开具一张小票；而不是一次性将购物篮中的商品结账，只开具一张小票。显然，这种方式大大降低了链上交易效率，尤其是对于需要频繁交易的链上游戏而言。

在 ERC-1155 合约中，用户可以在单个事务中将任意数量的项目发送给一个或多个收件人，这大幅降低了 Gas 费（以太坊网络交易费）和交易拥堵，如图 6-3 所示。

"transfer""approval""melt"和"trade"函数都以数组作为参数，可以让用户在单个事务中执行 100～200 次类似的操作。如果要传输单个项目，只需为每个数组提供单个元素。如果要传输两个项目，可使用两个元素，以此类推。

3）优化代码数据存储

ERC-1155 标准的主要特点是在单个智能合约中包括多个通证。这意味着"创建"一个新的通证类型可以像调用一个将新 ID 添加到可用通证池中的函数一样简单。

使用 ERC-20 和 ERC-721 标准创建通证则需要在以太坊上部署新的智能合

约。这样做的缺点是不仅需要大量的 Gas 费，而且会造成大量的冗余代码。因为大多数 ERC-20 合约都基于完全相同的代码，其中大量的重复代码永远保留在以太坊中。

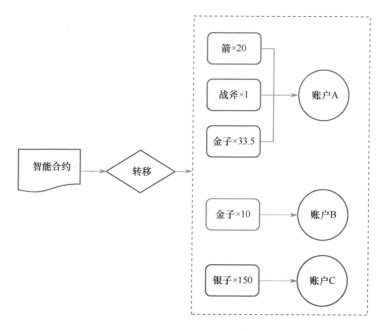

图 6-3　ERC-1155 通证转移

4）安全可靠的代码规则

ERC-1155 通证标准遵循一组严格的代码规则。这个规则使得 ERC-1155 通证可以通过简单地将通证发送到地址来执行确定性智能合约，这是一个巨大的创新。

在 ERC-1155 合约中，通过简单地将通证发送到 DEX 交换地址，DEX 可以立即将另一个通证返回给发送者的地址。同样的道理，区块链游戏可以在收到用户的 ERC-1155 通证后立即执行游戏功能。

ERC-721 虽然实现了"safeTransferFrom"，但存在一个致命问题，即对所有转账都没有严格要求，这意味着用户可能会永久丢失他们的资产。

ERC-1155 则不同，它对此做出了严格的规定，使得智能合约更加可靠。用户需要做的就是将他们的通证发送到某个地址，从而触发一系列自动执行的事件。

5）保证日志跟踪

随着以太坊生态系统的不断发展，许多 DApp（Decentralized Application，去中心化 App）都依赖传统数据库和资源管理器的 API 服务来检索和分类数据。ERC-1155 标准保证智能合约发出的事件日志能够创建准确的当前通证余额记录。这样一来，数据库和资源管理器可以监听事件，从而为合约中的每个 ERC-1155 通证提供分类和索引。

在 ERC-1155 标准中，智能合约不再需要维护每个代币 ID 的索引，ID 也不需要以任何方式保持连续，这与 ERC-721 中的枚举法完全不同。这种方式允许对每个通证的铸造、转移和销毁进行完整记录。

通过这种方式，通证拥有者可以更多地了解他们的资产，如某个通证的铸造时间等。

6）其他优势

（1）身份替换。通过使用替换字符串"{id}"，ERC-1155 合约可以指向无限数量的通证 URI，而无须在链上存储任何额外数据。ERC-1155 合约还可以指向一个 Web 服务，从而为每个通证托管动态生成的通证 JSON。{id} 字符串也可以在 JSON 内部使用，以自动链接到每个通证的图像。这种方式大幅降低了智能合约为通证显示元数据所带来的高昂成本。

（2）操作简便。用户即使没有开发经验，也可以简单使用 ERC-1155。

（3）本地化。由于通证信息以 JSON 格式进行定义，因此，现在可以使用 {locale} 对多种语言进行本地化。支持多种语言的钱包和软件可以显示通证名称、图像和其他数据。

6.3　其他标准

1. ERC-998

ERC-998 也被称为可组合 NFT 标准，允许 ERC-721 通证和 ERC-20 通证合成一个通证。ERC-998 是对 ERC-721 标准的扩展，实现 ERC-998 的 NFT

也会自动实现 ERC-721。

ERC-998 通证标准中包括如下 4 种不同的子标准。

（1）ERC-998ERC-721：这类通证可以接收、持有和转移 ERC-721 通证，是自上而下的组合方式。

（2）ERC-998ERC-20：这类通证可以接收、持有和转移 ERC-20 通证，是自上而下的组合方式。

（3）ERC-998ERC-721：这类通证可以附加到其他 ERC-721 通证中，是自下而上的组合方式。

（4）ERC-998ERC-20：这类通证可以附加到其他 ERC-20 通证中，是自下而上的组合方式。

简单来说，ERC-998 标准实现了在一个物品中包含多个 ERC-721 和 ERC-20 形式物品的目的。例如，在某个游戏中，游戏角色的所有权用 ERC-721 来表示，游戏装备用另一个 ERC-721 来表示。那么，穿着游戏装备的角色就是这两个不同 ERC-721 的结合，可以用 ERC-998 来表示。

2. ERC-875

ERC-875 是一个 NFT 批量转移标准。

在现行的 NFT 转移过程中，对于不同的 NFT，卖家只能一个一个地单独售卖，而且每个 NFT 均需要消耗 Gas 费。

在 ERC-875 协议中，用户能够通过价格、交易到期日期和签名等信息进行加密签名来打包转移。这个过程在链下进行，只有在结算时才会在链上进行广播。

3. ERC-809

ERC-809 标准是一种 NFT 租赁标准，其在 ERC-721 基础上增加了租赁功能。

ERC-809 通过创建一个 API 来允许用户租赁"可租赁"的 NFT，并享受对该 NFT 的唯一租赁权。

ERC-809 未来将在元宇宙虚拟地产租赁市场中发挥重要作用。

4．ERC-1201

ERC-1201 是对 ERC-809 的升级，进一步实现了 NFT 租赁权的通证化。ERC-1201 使得对某个 NFT 的租赁权可以被分割并具有了流动性。

5．ERC-1948

ERC-1948 在 ERC-721 的基础上为 NFT 增加了数据读取功能，让 NFT 具有了存储动态数据的能力。

ERC-1948 为 NFT 添加了一个 32B 的数据字段，从而使得 NFT 的所有者拥有更新数据的权限。

6．ERC-2918

ERC-2918 是一个专注于解决 NFT 版税问题的标准协议。

在 EIP-2981 协议中，开发者为当下的 NFT 交易提供了多种版税收取方法，举例如下。

（1）固定版税：销售额的 12.5%分配给原创作者。

（2）动态版税：根据发售时间或者销售额而收取不同比例的版税。

EIP-2981 旨在提供简单、标准化和低 Gas 费的解决方案，为 NFT 创作者带来合理的收益，促进 NFT 行业良性发展。

| 第 7 章 |

崭露头角，让以太坊拥堵的项目

CryptoKitties 在 2017 年创造了 NFT 的历史，被人们熟知的是其引发了以太坊的网络拥堵。这是以太坊历史上最严重的应用火爆导致的拥堵事件，这次事件让人们记住了 CryptoKitties，更记住了 NFT。

7.1 CryptoKitties 项目介绍

CryptoKitties 中文译为迷恋猫，由加拿大团队 Dapper Labs 开发，允许玩家购买、收集、繁殖和出售虚拟猫，其形象如图 7-1 所示。

图 7-1 迷恋猫形象（来源：CryptoKitties 网站）

CryptoKitties 是最早将区块链技术和 NFT 用于娱乐和休闲的尝试项目，是世界首款 NFT 游戏。2017 年，CryptoKitties 因太过火热而一度引发以太坊拥堵，这一标志性事件使得该游戏更加广为人知。

CryptoKitties 测试版于 2017 年 10 月 19 日在以太坊黑客马拉松"ETH Waterloo"推出。同年，第一只稀有猫"Genesis"以 247ETH（约 117712 美元）的高价售出。

2018 年 3 月，CryptoKitties 的母公司 Axiom Zen 将 CryptoKitties 开发团队剥离出来，成立了新公司 Dapper Labs。Dapper Labs 获得了 Union Square Ventures 和 Andreessen Horowitz 领投的 1200 万美元融资。

2018 年 5 月，CryptoKitties 与美国职业篮球运动员 Stephen Curry 合作推出了第一款名人品牌 CryptoKitty。

2018 年 10 月，CryptoKitties 的培育猫达到了 100 万只，智能合约交易量达到 320 万笔，创历史纪录。

CryptoKitties 发展至今，尽管热度不如从前，但是其在 NFT 及链游领域的地位毋庸置疑。最重要的是，CryptoKitties 开创了加密收藏的先河，使得数字收藏品开始走向大众，为当今数字收藏业的蓬勃发展奠定了基础。

7.2　CryptoKitties 项目玩法

CryptoKitties 的玩法主要有以下 4 类。

1．收藏

收藏是最简单的玩法，拥有自己喜欢的稀有的迷恋猫并长期持有即可。

2．繁殖

繁殖猫的过程较为复杂，需要研究和分析猫的基因组，并对合适的基因进行配对，以创造出独特、稀有的猫。

3．交易

交易是纯粹的投资玩法，投资者不断翻转被市场低估的稀有猫，从中获得利润。

4．艺术发现

艺术发现是指针对迷恋猫进行艺术创作，采用独特的基因配对，培育出具有某种艺术特征的猫。

7.3　CryptoKitties 种类特性

1．CryptoKitties 的种类

CryptoKitties 有如下 4 种特殊类型的猫。

1）Purrstige 特质猫

Purrstige 特质猫是一种具有特殊属性的猫，如图 7-2 所示，培育这种猫极具挑战性。

图 7-2　Purrstige 特质猫（来源：CryptoKitties 网站）

Purrstige 特质是一种只可以在有限时间内繁殖的属性，它具有特殊的配种方案，需要巧妙搭配一些稀有的属性和隐藏的基因。

每只 CryptoKitty 具有 48 个基因，一部分基因是可以通过视觉表达的，称为属性，如某种形状的眼睛、耳朵等。视觉看不到的隐藏属性需要通过专门的工具来查看。

Purrstige 特质猫外观美丽，可以带来良好的视觉享受，是社区公认的最稀

有和最有艺术价值的猫。

2）独家猫

独家猫通常用来纪念某个事件或服务于某个特定目的，是独一无二的，如图 7-3 所示。

图 7-3　独家猫（来源：CryptoKitties 网站）

独家猫不能通过繁殖产生，如果将独家猫与另一只普通猫或花式猫繁殖，将产生另一只普通猫或花式猫。

3）花式猫

花式猫是一系列具有独特的艺术品和徽章标识的猫，如图 7-4 所示。

图 7-4　花式猫（来源：CryptoKitties 网站）

同一系列的花式猫具有相同的特征，如图案、高光颜色、眼睛颜色、眼睛形状、基色、强调色、嘴巴和皮毛。花式猫具有数量上限，一旦达到便无法继续铸造。

4）特别版猫

特别版猫是带有特殊艺术品的猫，限量发售，如图 7-5 所示。

图 7-5　特别版猫（来源：CryptoKitties 网站）

特别版猫与独家猫类似，具有独特的艺术，但是与独家猫不同的是，特别版猫会大量发行。尽管特别版猫具有遗传特征并且可以用来繁殖新的普通猫，但特别版猫不能通过繁殖产生。

2．CryptoKitties 的特征

1）属性

每只猫的外观都由其遗传密码中的"属性"决定。每个"属性"都对猫的特征起到一定程度的作用，所以，"属性"共同作用，形成了猫的最终外观。

所有属性的排列组合一共有数十亿种可能。

2）冷却时间

冷却时间指的是猫在繁殖完后代之后的休息时间，每只猫繁殖的小猫越多，需要的休息时间越长。

猫出生时的冷却时间由它的世代数决定，与基因无关。猫的世代越低，冷却时间越短。

3）基因

猫的基因组由一串区块组成，每个区块包含 4 个基因。每个基因代表一个特征：眼睛、皮毛图案、体色等。每个区块有 1 个主要基因和 3 个隐藏基因。

主要基因是在猫的外表中表现出来的基因。隐藏的特征在猫的外表是不可见的，但可能会被猫的孩子遗传。主要特征有 75%的机会被传递，隐藏的特征则有 25%的机会被传递。

4）突变

猫的后代不会完全继承父母的特征，而是会有一定的概率出现一些新的特征，这种情况称为突变。

5）家族珠宝

家族珠宝也可以看作"增强型属性"，这些珠宝佩戴在猫身上，可以证明它们的尊贵血统，有的珠宝可以被后代继承。

| 第 8 章 |

以简制胜，令人痴迷的数字石头

一组画风普通的"数字石头"突然之间备受追捧，它们形状简单，却深得人们的喜爱；它们没有任何创新的艺术元素，却拥有不逊于艺术品的价值。也许，这就是最纯粹的数字收藏品的魅力所在。

8.1 Ether Rocks，数字化的宠物石头

Ether Rocks 由匿名开发者于 2017 年 12 月推出，是以太坊上最早的纯粹的加密收藏品，如图 8-1 所示。

Ether Rocks 由"岩石"的剪贴画图像组成，这些图像设计相同、形状相同，但色调不同。"岩石"图像来自免费图片网站 Goodfreephotos，如图 8-2 所示。

Ether Rocks 的创作在很大程度上受到了 1975 年左右发生的 Pet Rock 玩具热潮的启发。Pet Rock 又称宠物石头，曾在 20 世纪 70 年代中期风靡美国。它们是来自墨西哥下加利福尼亚州罗萨里托市的光滑石头，由从事广告工作的 Gary Dahl 推出。

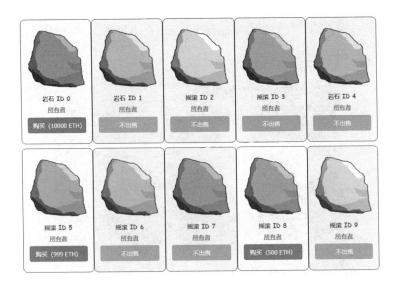

图 8-1　Ether Rocks（来源：Ether Rocks 网站）

图 8-2　Goodfreephotos 网站的岩石图像（来源：Goodfreephotos 网站）

宠物石头像宠物一样被装在定制的纸板箱中，配有吸管和呼吸孔，如图 8-3 所示。

图 8-3　宠物石头（来源：Pet Rock 网站）

宠物石头因一个玩笑而产生，随后意外走红，引发了石头玩具热潮，同时宠物石头累计销量突破 100 万枚，其发明者也成为百万富翁。

Ether Rocks 是数字化的石头，第一枚 Ether Rock 以 0.0999 ETH 的价格售出，当时相当于 300 美元左右。其他岩石的售价为 0.1～0.36 ETH。但是，在项目推出后的 3 年中，100 枚 Ether Rocks 只售出了 20 枚，剩余 80 枚无人问津。

直到 2021 年，这些石头被 NFT"考古者"发现并抢购一空。随后，Ether Rocks 被市场疯狂追捧，价格屡创新高。加密行业的知名人士也纷纷加入了这场石头收藏大潮，波场创始人孙宇晨更是以 500000 美元的价格购买了一枚 Ether Rocks。

Ether Rocks 以其极致简约的图形和历史稀缺性赢得了市场，完全可以和实物收藏品相媲美。

8.2　Genesis Rocks，缺陷之美

Genesis Rocks 是 Ether Rocks 的前身，是一个错误版本的智能合约。EtherRock 项目的开发者在部署 EtherRock 时开发了两个智能合约，由于第一

个合约存在错误，所以启用了第二个合约。

2021 年 8 月，这个被废弃的合约被 NFT 考古者找到并进行了复活，于是诞生了 Genesis Rocks 项目。这类似于 Etheria V1.1 版本和 CryptoPunk V1 版本。

由于区块链的不可篡改性，智能合约一旦部署便无法更改和撤销，所以，这些知名项目的测试版本或者错误版本被保留在了链上，并被一部分去中心化信徒所推崇。很多早期项目诞生于 ERC-71 标准出现之前，这些 NFT 在主流 NFT 市场（如 Opensea）上流通时需要包装（Wrap）。因此，通过包装可以修复第一版合约的错误，从而"复活"项目。

第一版合约的一个主要错误是用户可以铸造无数量上限的 Rocks，而第二版也就是正式版合约限定 NFT 数量上限为 100。同时，第一版合约的另外一个错误是会立刻将用户铸造的 NFT 免费出售。

James William 是一个匿名的区块链侦探，他在 2021 年 8 月 5 日复活了废弃的第一版 Ether Rocks 合约，并在随后创建了一个展示#0～#99Genesis Rocks 的市场 WeLikeTheRocks 网站。

Genesis Rocks 和 Ether Rocks 的图像不同，Ether Rocks 使用的是剪贴画图片，而 Genesis Rocks 采用的是像素版本，如图 8-4 所示。

图 8-4　Genesis Rocks（来源：WeLikeTheRocks 网站）

由于 Genesis Rocks 数量无上限，所以，Genesis Rocks 爱好者社区只对特定编号范围的 Genesis Rocks 进行打包，分别是#0～#99 和#100～#9999，如图 8-5 和图 8-6 所示。

图 8-5　Genesis Rocks#0～#99（来源：Opensea 网站）

图 8-6　Genesis Rocks#100～#9999（来源：Opensea 网站）

目前，#0~#9999Genesis Rocks 已经全部被铸造，但是用户仍然可以通过智能合约铸造这些编号范围之外的未被铸造的 Genesis Rocks。

铸造方法如下。

1. 打开合约

进入第一版错误合约，合约地址为 0x37504AE0282f5f334ED29b4548646f887977b7cC，打开阅读合约页面，如图 8-7 所示。

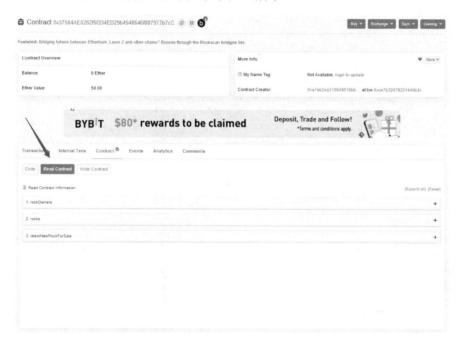

图 8-7　阅读合约页面（来源：Etherscan）

2. 找到未铸造的 Rocks

单击 "2.rocks" 按钮，输入数字 "8888" 并单击 "Query" 按钮查询，如图 8-8 所示。

由于 "8888" 号已经被铸造，因此显示持有者的地址。更换数字 "666888999"（举例）重试，如图 8-9 所示。

看到持有者地址为 0x0000000000000000000000000000000000000000，说明该#666888999 Rocks 尚未被铸造。

图 8-8　查询结果页面（来源：Etherscan）

图 8-9　重新查询页面（来源：Etherscan）

3. 链接钱包

进入"Write Contract"界面，并连接到钱包，如图 8-10 所示。

4. 铸造

单击"4.buyRock"按钮

，输入价格 0 和想要铸造的编号 666888999，单击"Write"按钮，如图 8-

11 所示。

图 8-10　阅读合约页面（来源：Etherscan）

图 8-11　铸造页面（来源：Etherscan）

打开 Metamask 钱包签名，支付 Gas 费即可铸造。

5．设置出售价格

设置出售价格是必须做的最重要的一步，如果不做，铸造的 NFT 将会丢失。因为该智能合约有一个错误是会将用户铸造的 NFT 免费出售。

为了防止这种情况发生，可以以天价将其挂卖。例如，将价格设置为 100000000000000000000000000000000000000000。

注意：这里的价格单位是 ETH 的最小面额 Wei，同时，挂卖 Rocks 必须再次支付 Gas 费。

尽管一些 Ether Rocks 开发者对 Genesis Rocks 的出现非常愤怒，但是很多加密爱好者仍然看好 Genesis Rocks，加密收藏界的一些知名人物 Gary Vaynerchuk 和 Logan Paul 都持有了 Genesis Rocks，并公开表示了对 Genesis Rocks 的支持。

支持者认为，区块链的精神内核正是其不可篡改的特性，即使是废弃的合约，也具有存在的合理性，同样拥有价值。也许，这正是 NFT 的魅力所在。

第四篇　应用篇

| 第 9 章 |

像素网格，广告与艺术的交织

像素网格是向曾经风靡全球的互联网"百万美金主页"的致敬，同时也是对虚拟网络所有权链上化的探索。从广告网格到色彩协作，创新者利用 NFT 进行了一系列奇妙的社会实验。

9.1 Thousand Ether Homepage，向百万广告页致敬

Thousand Ether Homepage 由多伦多的软件开发人员 Andrey 和 Max 创建，并于 2017 年 8 月在以太坊上推出，其早于 ERC-721 标准。Thousand Ether Homepage 页面上包括 100 万个像素网格，横向 1000 列，纵向 1000 排，如图 9-1 所示。

Thousand Ether Homapage 的设计灵感来自 Million Dollar Homepage。Million Dollar Homepage 是一个风靡全球的网站，由来自英国威尔特郡的学生 Alex Tew 于 2005 年创建，创建的目的是筹集他的大学学费。该网页是由 1000 像素×1000 像素网格排列成的 100 万个像素块，如图 9-2 所示。

Million Dollar Homepage 网站页面上的每个像素以 1 美元出售，所有者可以在像素块上传图像并设定图像的跳转 URL，以及光标悬停时显示的标语。

图 9-1 Thousand Ether Homepage 部分内容（来源：Thousand Ether Homepage 网站）

图 9-2 Million Dollar Homepage（来源：MillionDollarHomepage 网站）

该网站走红后，迅速成为一种互联网现象，模仿网站应运而生。2006 年 1 月 1 日，Million Dollar Homepage 网站上最后 1000 个像素在 eBay 上进行拍卖，最终总成交价为 1037100 美元。

Thousand Ether Homapage 旨在向 Million Dollar Homepage 致敬，以每个像素 0.001 ETH 的价格出售，目标是筹集 1000ETH，因此被称为"Thousand Ether Homapage"。

Thousand Ether Homapage 希望通过区块链技术，实现广告内容的永久保存。广告图片通过 HTTP、Swarm 或 IPFS 存储，由用户负责将它们上传到服务器、Swarm 或 IPFS 网络并提供 URL。

9.2 Pixel Map，完全上链的像素图

Pixel Map 在 2016 年 11 月由开发者 Ken Erwin 推出，是第一个将图像数据直接存储在以太坊区块链上的 NFT，如图 9-3 所示。

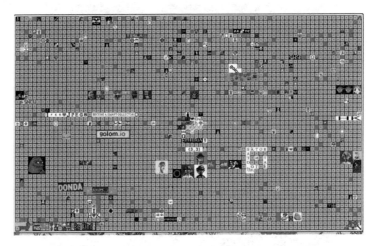

图 9-3 Pixel Map（来源：Pixel Map 网站）

在 Pixel Map 上，每个图块都由它的购买者真正拥有。Pixel Map 和一般的 NFT 不同，其链上数据不仅是一个 URL，而且是图片数据本身。Pixel Map 工具可以将用户需要展示的图片进行 16×16 像素化，并将其直接存储在以太坊区

块链上。当然，该过程需要花费一定的 Gas 费。

Pixel Map 这样做的好处是，当图块所有者想要更新图像或更改 URL 时，无须依赖任何中心化机构或项目方。即使 Pixel Map 的网站出现故障，每个图块的像素数据、ULR 信息等都会保留在区块链上，社区开发者可以轻松复制一个显示整体图像乃至其历史变化的网站。

值得一提的是，Pixel Map 上共有 3970 个图块，但是地图共有 81 列和 49 行，80 乘以 49 等于 3969。造成该错误的原因是 Pixel Map 上的第一个图块以 #0 编号，开发者 Ken Erwin 误以为#0～#3969 为 3969 块，而实际数量为 3970 块。多出来的图块位于 Pixel Map 左下角地图之外的地方。

9.3　Su Square，首个 ERC-721 标准项目

Su Square 是第一个官方公开的符合 ERC-721 标准的 NFT，由以太坊 ERC-721 标准创建人之一的 William Entriken 在 2018 年 3 月推出。Su Square 是一个广告牌，由 10000 个小方块（横向 100×纵向 100）组成，如图 9-4 所示。

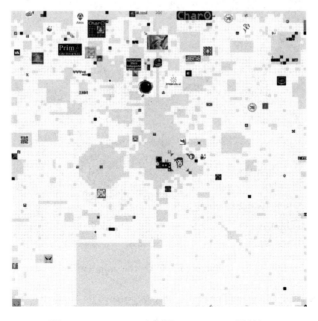

图 9-4　Su Square（来源：Su Square 网站）

方块的拥有者可以将图片和链接放在网站页面上，为自己的网站或社交媒体引流。

Su Square 旨在向 The Million Dollar Homepage、CryptoKitties 和 Dieter Shirley（Dapper Labs 首席技术官）致敬。

Su Square 是第一个公开出售的 ERC-721 项目，拥有一个 Su Square 的同时，也将拥有一段区块链历史。

9.4 Pixemum，色彩艺术协作

相对 Thousand Ether Homapage 和 Pixel Map 的图片网格，Pixemum 更侧重于艺术实验。Pixemum 在 2017 年由 Hideyoshi Moriya 推出，页面上共有 10000 个像素块，其中，横向 100 个，纵向 100 个，如图 9-5 所示。

图 9-5　Pixemum（来源：Pixemum 网站）

每个像素块的拥有者可以改变像素块的颜色，并添加信息，但是不能向 Thousand Ether Homapage 和 Pixel Map 上传图片。

Pixemum 不仅是一个广告牌，更是一个色彩艺术的协作实验。

9.5　PixelMaster，艺术与人性的实验

　　PixelMaster 是一个基于 EOS 区块链的矩形协作画板，由 100 万个（1000 像素×1000 像素）像素块组成，玩家购买像素块后即可修改其颜色。与 Pixemum 不同的是，PixelMaster 拥有足够的像素块供玩家发挥。其次，PixelMaster 加入了类似于 FOMO 3D 的激励机制。这两个主要因素使得 PixelMaster 在 2018 年红极一时，创下了多项纪录。

　　PixelMaster 的设计灵感来自曾经轰动全球的社会实验 Reddit Place。

　　Reddit 是美国一个很受欢迎的聊天论坛，类似于美国版的"天涯+贴吧"。在 2017 年愚人节的时候，Reddit 上线了一个名为 r/place 的 subreddit 的在线画布。该实验在发布 72 小时后结束，超过 100 万用户参与编辑了画布，共放置了大约 1600 万个图块。

　　在这块大型画布上，每个 reddit 用户都可以在画布下方的选色器（16 色）中选择一种色块，并把它"放置"到画布上的任意一个像素点上，每个用户在填充一个像素点之后要等待 10 分钟（后来被改为 5 分钟）才能再填充下一个。

　　在这 72 小时内，画布图案不断变化，各种组织相互竞争、破坏、协作，上演了一幕幕跌宕起伏的场景。最终，全球玩家贡献了一幅令人震撼的画卷，完成的 r/place 画布如图 9-6 所示。

　　PixelMaster 参照 Reddit Place 设计，不同的是加入了竞价机制。PixelMaster 画布上的每个像素都是收费的，用户购买后方可创作，起始价格均为 0.05EOS。当一个玩家占领了一个像素后，其他玩家再想占领它必须付出 1.35 倍的价格，所以，一个像素被交易的次数越多，它的价值就越高。因此，一些被反复争夺的像素块最终卖出了天价。

　　在 PixelMaster 中，有人创作、有人破坏、有人炒作，将人性展现无遗。在协作一段时间后，PixelMaster 画布呈现的图案如图 9-7 所示。

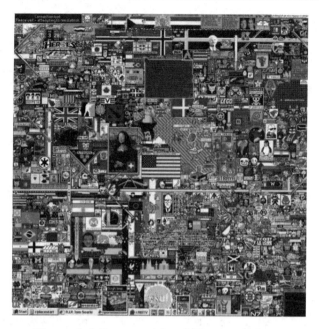

图 9-6　完成的 r/place 画布（来源：Reddit 网站）

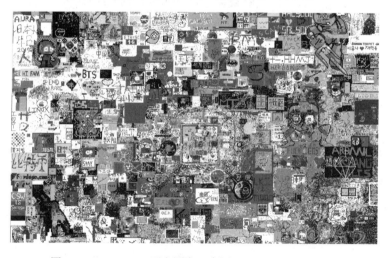

图 9-7　PixelMaster 画布图案（来源：PixelMaster 网站）

PixelMaster 走红后，市场上涌现出了大量的山寨项目，大部分项目无人问津，这场社会协作盛宴也落下了帷幕。但是，作为首个加入经济激励机制的艺术协作实验，PixelMaster 为后续区块链上协作艺术的发展提供了灵感。

| 第 10 章 |

群英荟萃，PFP 佼佼者纷纷登场

2021 年是 NFT 爆发式发展的一年，沉寂 3 年的 NFT 市场被再次点燃。众多 PFP 项目纷纷登场，在团队的创新运作和明星效应的加持下，一些优质项目迅速"出圈"，风靡整个社交网络。

10.1 BAYC，备受追捧的 PFP 新王者

BAYC 的全称是 Bored Ape Yacht Club（无聊猿俱乐部），在 2021 年 4 月由 Yuga Labs 推出，是 10000 个独特的 Bored Ape NFT 的集合，如图 10-1 所示。

无聊猿 NFT 除了可以作为 PFP，还可以用作 Yacht Club 会员卡，享受会员专属福利，例如，可以参与一个社区共同协作的涂鸦板或领取空投等。

每个无聊猿图像都是独一无二的，利用程序对 170 多种特征（如表情、头饰、服装等）进行随意组合生成。

每个无聊猿图像使用 SHA-256 算法进行哈希处理，并将哈希记录在以太坊区块链上。同时，将图像文件存储在 IPFS 上。

无聊猿最初是由 4 个人组成的小团队发起的，如今已达到数亿美元的交易额。笔者撰稿时，其地板价（最低价格）已经超越 CryptoPunks。无聊猿极大

地推动了 NFT 头像走向主流，众多社会名流如 NBA 球星、歌星等纷纷持有自己的无聊猿头像。

图 10-1　Bored Ape NFT（来源：BAYC 网站）

相对于 CryptoPunks 开发团队对头像图片版权的拥有，BAYC 完全将头像图片的商用权下放给了持有者和社区，这是一个重大的创新。

10.2　Cool Cats，用社区驱动艺术

Cool Cats 在 2021 年 7 月 1 日推出，由 9999 个以编程方式随机生成的 NFT 组成，如图 10-2 所示。

Cool Cats 从超过 300000 个功能组合中随机组装而成，每个都具有独特的身体、脸型、帽子和服装。

Cool Cats 在发布仅 8 天后，就获得了拳王 Mike Tyson 的大力支持。Mike

Tyson 将他的 Twitter 头像改成了 Cool Cats。众多明星和 NFT 收藏家都对 Cool Cats 表现出了浓厚的兴趣。

图 10-2　Cool Cats（来源：Cool Cats 网站）

Cool Cats 项目团队由 4 位匿名成员组成，他们分别是 Clon（主设计师）、Elu（创意负责人）、Tom（开发者）和 Lynq（开发者）。Cool Cats 的目标是建立一个"由交互性和实用性、社区奖励和增长、与品牌合作组成的 Cool Cat 生态系统"。

尽管 BAYC 获得了很大的成功，但是 Cool Cats 在推动 PFP 热潮中的功劳也不可或缺。

10.3　Doodles，画风清奇的实力派

Doodles 是由艺术家 Burnt Toast 手绘创作的 10000NFT 作品集合，在 2021 年 10 月推出。该系列包括表情奇特、阳光的各种类型的彩色人物形象，包括人类、外星人、骷髅和吉祥物。每种类型的 NFT 又具有 100 多种不同的属性，如面孔、头发、帽子和背景等，如图 10-3 所示。

图 10-3　Doodles（来源：Doodles 网站）

插画家 Burnt Toast 的真名为 Scott Martin，是全球知名的艺术家和自由商业插画家。Burnt Toast 的插画风格以粗线条的描边与柔软的形体为主，所刻画的形象可爱、有趣。这种艺术风格独树一帜，深受用户的喜爱，这是 Doodles 能够风靡网络的重要原因之一。

除了艺术家，Doodles 还有来自曾在 Dapper Labs 和 CryptoKitties 供职的市场营销与开发人才，因此，Doodles 的运营和开发都领先于大部分项目。

此外，Doodle 持有者还可以访问 Doodles 社区金库，并可以为社区治理活动投票。因此，Doodle 不仅仅是一个头像图片，还是一个高质量社区的通行证。

10.4　CyberKongz，NFT 界的教科书

CyberKongz 创建于 2021 年 3 月，早于 BAYC。CyberKongz 是一系列像素风格的 NFT，分为 3 种类型：Genesis、Baby 和 VX，如图 10-4 所示。

其中，Genesis 是 OG Kongz，是第一批发行的 1000 个 NFT。这种 NFT 每天都会获得 CyberKongz 生态通证 BANANA 的空投。

Baby 是由两只 OG Kongz 繁育生成的 Baby Kongz，这个繁育过程需要消耗一定数量的 BANANA 通证。

VX 是用体素构建的 3D Kongz，适用于未来的元宇宙虚拟世界。

CyberKongz VX 未来可用于 The Sandbox 游戏中。

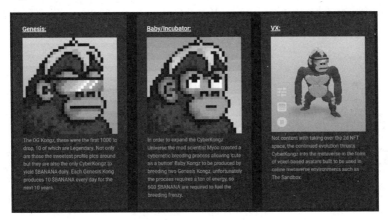

图 10-4　CyberKongz（来源：CyberKongz 网站）

　　CyberKongz 的创新之处在于引入了生态通证 BANANA，并建立了可持续的通证经济模型。CyberKongz 持有者不仅可以每天都获得通证，而且可以消耗通证来繁育 Baby CyberKongz，并对持有的 CyberKongz 进行改名。这样既赋予了通证价值，又对 CyberKongz 提供了价值支撑。这种通证经济模型值得后续的 NFT 项目借鉴。

| 第 11 章 |

3D 形象，元宇宙时代的数字化身

11.1　Meebits，体素角色界的王者

Meebits 在 2021 年 5 月由 CryptoPunks 开发者 Larva Labs 团队推出，是 20000 个独特的 3D 体素角色，如图 11-1 所示。

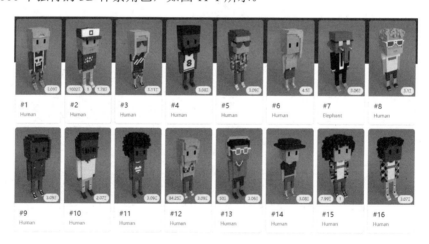

图 11-1　Meebits（来源：Larvalabs 网站）

Meebits 根据自定义生成算法创建，并以 ERC-721 标准部署在以太坊上，可与任何兼容的服务或交换机构配合使用。

Meebits 的所有者可以访问包含完整 3D 模型的资料包，可以自由渲染 Meebits 并为其设置动画，让它可以被运用在任何游戏引擎、3D 工作室，或者用作元宇宙中的化身。

Meebits 与 CryptoPunks 同属 NFT 的数字身份赛道。与 CryptoPunks 不同的是，Meebit 是 3D 形态的，可以对接各类虚拟世界，并作为虚拟世界的立体身份。

如果说 CryptoPunks 是平面世界的数字身份，那么 Meebits 是立体世界的数字身份。

未来的人类将同时生活在现实世界和数字世界，数字世界需要数字身份。Meebits 由 CryptoPunks 开发团队开发，继承了 CryptoPunks 强大的社区共识支持，在未来的元宇宙中将扮演重要角色。

11.2　Clone X，艺术与科技的完美结合

Clone X 是 RTFKT Studios 推出的虚拟形象 NFT 集合，由 20000 个随机生成的 3D 头像组成，如图 11-2 所示。

图 11-2　Clone X（来源：RTFKT Studios 网站）

RTFKT 由 Benoit Pagotto、Chris Le 和 Steven Vasilev 于 2020 年创立，该团队旨在利用最新的游戏引擎、NFT、区块链身份验证和增强现实等技术来创建新颖的虚拟产品和体验。RTFKT 是一个极具创新的初创品牌，它重新定义了物理和数字价值的界限。目前，RTFKT 网站显示，RTFKT 已被 NIKE 收购。

Clone X 是一个 3D 动漫艺术品，由知名时尚潮流艺术家村上隆（Takashi Murakami）操刀设计，画面精美，具有很强的质感。

Clone X 能够用于未来的 NFT 游戏、AR 设备、Zoom 会议元宇宙平台。RTFKT 还承诺发布未来的 Clone X 可穿戴设备、游戏道具等更多 NFT 持有者专享的产品和服务。

第 12 章

赋能游戏，开创 P2E 模式新玩法

12.1 Etherization Cities，首个 P2E 游戏

Etherization Cities 是以太坊上的第一个能够赚取通证的 NFT，开创了基于 NFT 的 P2E（Play-To-Earn）游戏新模式。Etherization Cities 是一款策略游戏，由分布在 34×34 地图上的 1 156 个稀有城市组成，如图 12-1 所示。

在 Etherization Cities 游戏中，玩家可以攻击其他城市，以试图占领它们，并通过拥有生产建筑来赚取 ETH。

在游戏开始时，玩家支付 2 ETH 来获取一座价值 1ETH 的城堡和价值 1 ETH 的补给物资。这些物资可用于建造建筑物、制造工具和为军队提供补给。玩家攻击并占领邻近的城市后，即可拥有该城市中的所有建筑物和物资。在这个过程中，玩家可以获得收入。

目前 2016 年的合同已经被包装，为了包装每个 NFT 的所有权不变，原来的占领城市的游戏功能已经无法继续使用。

Etherization Cities 和原项目开发人员 Vedran Kajic 已经取得联系，Vedran Kajic 公开烧毁了物理私钥以保障 Etherization Cities 智能合约完全的去中心

化。同时，Vedran Kajic 和社区正在为推进游戏的 L2 版本而努力。

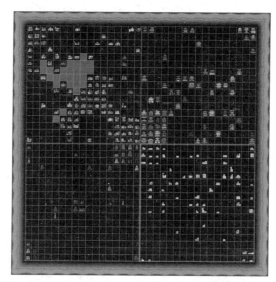

图 12-1　Etherization Cities（来源：Etherization 网站）

12.2　Realms of Ether，古老的稀有城堡

Realms of Ether 是一款于 2017 年 12 月推出的基于以太坊区块链的游戏，其 NFT 包括 500 个堡垒，如图 12-2 所示。

图 12-2　Realms of Ether（来源：Realmsofether 网站）

在该游戏中，玩家可以创建一个新的堡垒，升级自己的建筑、农场资源并招募队伍。游戏还有一个拍卖平台，玩家可以在其中出售或购买堡垒。

由于 2017 年市场对 NFT 的认知不足，该项目推出后并没有被广泛注意。直到 2021 年 8 月，Realms of Ether 被社区重新复活。尽管至今仍无法联系到原开发者，但是，社区采取了一系列行动以重振这个项目，如建立 DAO 组织并引入生态通证进行 NFT 质押激励等。

Realms of Ether 作为最早存在的区块链游戏之一，为后续 Axie Infinity 等 P2E 游戏的发展提供了启发。

12.3　Axie Infinity，引爆 Gamefi 新概念

Axie Infinity 是由一家名为 Sky Mavis 的越南公司创建的，是一款非常成功的链游，也是以太坊上流量最大的应用程序之一。该游戏在 2021 年年初出现爆发式增长，并引爆了 Gamefi 的概念。

Axie Infinity 是基于以太坊区块链的 NFT 游戏生态系统，它借鉴了 Pokémon 中数字宠物的有趣玩法，并在游戏中增加了玩家的游戏资产所有权。基于 Axie Infinity 的经济体系，玩家可以赚取宠物 NFT、SLP 和 AXS 等加密资产，获得丰厚的收入。

据官方称，在新冠肺炎疫情期间，在菲律宾和印度尼西亚等国家一些人通过 Axie Infinity 获得稳定收入。Axie Infinity 创造了"Play-To-Earn"（玩即赚钱）的可持续模式。

简而言之，Axie Infinity 是区块链上的 Pokémon。该游戏的形式是 3 个卡通怪物组成团队进行回合制战斗，这种卡通怪物称为 Axies（阿蟹）。每个阿蟹都具有不同的外形，如昆虫、鸟类、植物、鱼类等，且不同的身体部位具有不同的能力。

Axie Infinity 提供两种类型的对战模式：用户对环境（称为"冒险模式"）和用户对用户（称为"竞技场"）。赢得战斗之后，用户将获得 SLP 游戏通证。Axie Infinity 对战界面如图 12-3 所示。

图 12-3　Axie Infinity 对战界面（来源：Axie Infinity 网站）

与 Pokémon 不同的是，阿蟹是存储在自建以太坊侧链上的 NFT。要创造新的阿蟹，玩家需要使用游戏中的通证对现有阿蟹进行培育繁殖。通过将培育出的阿蟹出售给其他玩家，阿蟹所有者可以获得游戏通证。

通过对战和出售 NFT 得到通证之后，玩家可以在公开市场上出售它们，获得真正的收入。

除了对战和繁殖，Axie Infinity 还推出了虚拟土地 Lunacia 供阿蟹居住。Lunacia 土地可分为 90601 个 NFT 化的地块（Plots），地块持有者可获得奖励。例如，可以在土地上找到 AXS 通证或者其他物品，这些物品可以用于升级土地或阿蟹的等级。此外，用户还可以在地块上开设自己的商店或进行其他开发活动。

未来，阿蟹将有望成为一款集养成、饲育、收集、买地、农场、战斗、对战、升级等元素于一体的深度养成类元宇宙游戏。

| 第 13 章 |

开辟蓝海，推动数字艺术新革命

传统艺术行业的发展历史悠久，创意艺术家们开始寻找在数字艺术领域的新突破。NFT 带来的数据稀缺性为数字艺术发展奠定了基础。同时，编程技术加持的生成艺术将数字艺术带入了新高度。

13.1　加密艺术，艺术数字化

加密艺术基于区块链技术实现了艺术的真正线上化，使得数字艺术品具有唯一性、可确权性、易流通性、便于保存、自动版税特性，从而促进了数字艺术的蓬勃发展。

1. 唯一性

现实世界是原子世界，正如德国哲学家莱布尼茨说的"世界上没有完全相同的两片树叶"一样，我们无法找到两个完全相同的物体。也就是说，现实世界中物体由于原子结构的不同，导致了先天的形态不同。这个"不同"使得每件物品都具有了唯一性。

"唯一性"至关重要，它奠定了艺术品和收藏品的价值基础。以唐伯虎的画作为例，后世所创造的仿品即使再逼真，也无法做到和真迹一模一样。这个真迹的唯一性是其具有价值的重要前提。

数字世界的物质由虚拟的数字构成，非常容易被复制，因此，数字艺术品或收藏品缺乏"唯一性"。在区块链出现之前，世界上并没有真正意义上的数字艺术品，因为能够被随意复制的数字商品是没有价值的。维护价值的一个主要方式是版权法规等中心化的方式来保障原作者的权益，但是，这个无法从根本上解决问题。

基于区块链的 NFT 解决了数字商品的稀缺性问题，为每件数字商品打上了独一无二的时间标签。由于时间永远无法倒流，因此，时间烙印成为数字艺术品独一无二的标志。通过时间烙印，加密艺术品具有了"唯一性"。

2. 可确权性

传统收藏品或艺术品的保管依靠物理占有的形式，即谁能够控制物品的物理位置，谁便拥有该物品。当然，某些艺术品可能存在相关机构颁发的所有权证书等证明文件。

保存在区块链上的 NFT 艺术品相当于保存在一个公开透明的展览馆中，每个地址相当于一个透明的房间，任何人都可以看到它。但是，只有持有该地址私钥的人才可以控制该地址中 NFT 的移动，也就是该私钥持有者拥有这个地址上 NFT 的所有权。

相对于实物艺术品，NFT 艺术品更加容易明确所有权，而且可以实现匿名确权，保证持有者的隐私。

3. 易流通性

相对于实物艺术品的物理交割，NFT 艺术品可以在线上轻松完成交易。使用智能合约可以实现自动化的安全可靠的 NFT 艺术品交易，同时还可以实现拍卖、一口价等多种形式的交易方式。

此外，NFT 艺术品可以追溯自诞生起的每笔交易，任何人都可以在区块链上进行查询。

4. 便于保存

实物艺术品或收藏品需要物理保管，不仅有安全风险，而且高安全级别的保管会带来很高的成本。对于实物而言，不透明的私人严密保管使得其无法用来被公众观赏，失去了欣赏价值。

NFT 保存在区块链上，用户只需要保管钱包地址的助记词即可，相比实物保管，具有更好的便捷性。

5. 自动版税

传统世界的艺术家大师，有些在世时穷困潦倒，如梵高等。他们的画作基于一次性交易，没有给他们带来丰厚的经济回报，甚至连基本的生存需求都难以满足。

加密艺术品的创作者可以在发行作品时设置一定比例的版权费，后续作品每被交易一次创作者都会获得版权费。加密艺术市场的版税可以让艺术家更容易凭借自己的才华来维持生计，有助于加密艺术市场的良性发展。

13.2　生成艺术，用科技赋能艺术

从 NFT 制作方式的维度来看，加密艺术可以分为两种。第一种是艺术家进行手绘创作，包括先制作物理版本，后通过拍照或扫描进行数字化或者直接利用计算机数位板制作数字版本。第二种是艺术家通过设定不同的计算机程序或算法自动生成数字艺术品，这种作品称作"生成艺术"。

1. 生成艺术起源

生成艺术是技术和艺术的结合，一些思想前卫的科学家和艺术家进行了积极的跨界探索。

20 世纪 50 年代，美国数学家 Ben F. Laposky 使用电子示波器制作了世界上第一批计算机艺术图形，如图 13-1 所示。

Ben F. Laposky 将这些数学曲线从科学和技术背景中剔除，并将它们置于美学背景中。第一个 Oscillons 于 1953 年在切罗基的桑福德博物馆展出，被称为 Electronic Abstractions。

同一时期，另一位生成艺术先驱、物理学家 Herbert Franke 在他的实验室

里进行了独特的摄影实验。他用计算机在示波器上生成图像，然后用大光圈的移动摄像机拍摄图像。Herbert Franke 的早期代表作品 Analoggraphik, negativ 如图 13-2 所示。

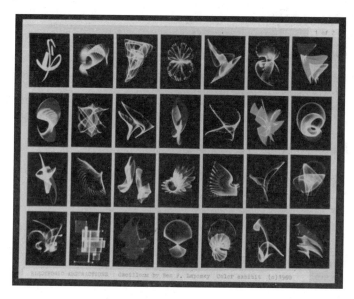

图 13-1　Ben F. Laposky，Oscillons（来源：Victoria & Albert Museum, London）

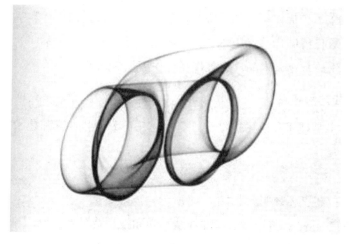

图 13-2　Analoggraphik, negativ（来源：Sprengel Museum Hannover）

除了科学家对艺术进行探索，艺术家也在尝试将技术融入艺术创作中。匈牙利女性艺术家 Vera Molnár 是最早在艺术实践中使用计算机的艺术家之一，她的作品是用早期的编程语言 Fortran 和 BASIC 生成的，其代表作 *Gouache on carton* 如图 13-3 所示。

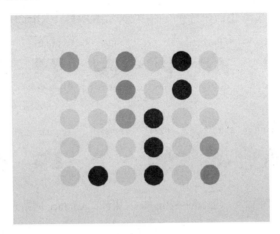

图 13-3　*Gouache on carton*（来源：Artsy.net）

到了 20 世纪 60 年代，计算机得到普及，越来越多的艺术家进入生成艺术领域，将计算机科学融入自己的艺术创作中。同时，各种新的编程语言的出现丰富了程序内容并降低了技术门槛，生成艺术迎来了蓬勃发展的契机。

NFT 的上链有两种形式，一种是将图像、声音等数据文件的哈希或者 IPFS 链接存储在区块链上；另一种是将全部数据文件存储在链上。由于区块链的容量有限，难以存储图像等文件，因此，大多数 NFT 以第一种方式存储。

在生成艺术中，使用生成软件或算法得到图形文件，然后通过第一种方式进行上链的方式，在此不予讨论。本节所讨论的生成艺术指的是将 NFT 数据完全保存在区块链上的方式。

2. 生成艺术创作平台

在生成艺术飞速发展的过程中，诞生了一家极具代表性的生成平台——Art Blocks。Art Blocks 是一个专注于策划可编程生成艺术作品的平台，是第一个支持用户创作的、完全链上的生成艺术市场。

Art Blocks 由生成艺术专家 Erick Calderon 在 2020 年 11 月创办，其上的作品主要使用 p5.js 进行编程。p5.js 是一个支持自定义编码的 JavaScript 库，脚本全部存储在链上。当新艺术品被铸造时，会使用脚本随机生成一个独一无二的"种子"，从而对应生成一件独一无二的 NFT 艺术品。

Art Blocks 上的第一个项目是 Chromie Squiggles（Art Blocks 项目#0），这是 Erick Calderon 在多年前制作的一个生成艺术项目，如图 13-4 所示。

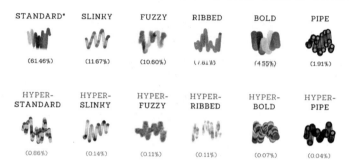

图 13-4　Chromie Squiggles（来源：Artblock 网站）

在 Chromie Squiggle 中，哈希散列中的十六进制代码控制着起始颜色、渐变的变化率、点数，以及一些其他特性。这些控制属性的代码被称作生成艺术的参数。

2021 年 6 月，生成艺术家 Tyler Hobbs 的 NFT 作品 Fidenza 在 Art Blocks 上发布，引起轰动。Fidenza 由 Hobbs 设计的算法随机生成，包括丰富多彩的曲线和方块，如图 13-5 所示。

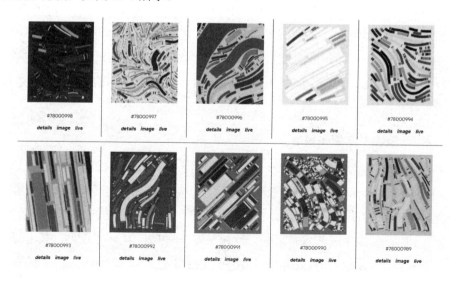

图 13-5　Fidenza（来源：Artblock 网站）

Fidenza 系列共发行了 999 件作品，上线不到半小时就被抢购一空。Fidenza 系列的火爆使得 Art Blocks 知名度大增。2021 年 6 月，知名拍卖行苏富比对 Art Blocks Curated 系列艺术家的 19 件作品进行了拍卖并大获成功。

Art Blocks 还发行了包括 Cherniak、Hideki Tsukamoto 和 Stina Jones 等生成艺术家的作品，均获得了不俗的成绩。尽管 Art Blocks 尚未完全进入传统艺术界，但是在生成艺术领域已经处于绝对领先的地位。

Art Blocks 最大的目标是帮助生成艺术家扩展他们的工作范围，推动生成艺术的发展。几十年来，生成艺术家的作品在传统艺术界一直被低估，他们通过编码进行的创造被多数人误解。人们认为代码创造的艺术容易高度同质化，而且由于创作容易使得创作者没有太多的情感注入，因此难以形成共识。其实不然，艺术不一定必须由人来直接创作，因为生成艺术背后的代码设计者仍然是创作者，最终的创作主体仍然是人。

未来是元宇宙的时代，人工智能将进一步发展，区块链的智能合约将得到更广泛的应用，所以，自动化的代码的应用将变得越来越普遍。生成艺术是自动化代码在艺术领域的应用，是未来不可避免的趋势。

3．生成艺术代表项目

1）Autoglyphs

Autoglyphs 是以太坊区块链上的第一个"链上"生成艺术，由 Larva Labs 于 2019 年推出。Autoglyphs 采用了一种高度优化的生成算法，生成了 512 张由"字符"组成的艺术品，如图 13-6 所示。

Autoglyphs 艺术品的数据存储在合约本身之内，是真正的"区块链上的艺术"。生成 Autoglyphs 的 Solidity 合约代码很小，并且经过优化，可以在以太坊节点上高效运行。

Autoglyphs 的创作灵感来自 Sol LeWitt 的壁画，是概念艺术和极简主义在区块链上的完美呈现。

2）Terraforms by Mathcastles

Terraforms 是每个动态生成的 3D 世界的链上土地，每个 Terraforms NFT

代表 20 层虚拟空间上的一块"土地"，如图 13-7 所示。

图 13-6　Autoglyphs（来源：Larvalabs 网站）

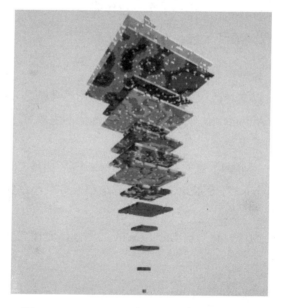

图 13-7　Terraforms（来源：Terraforms 网站）

Terraforms 可以看作具有扩展空间的高级"土地"NFT，而不仅仅是一种图片类型的艺术品。Terraforms 持有者在欣赏艺术的同时，也可以成为一个 3D 虚拟世界的参与者和建设者。

每个 Terraform 都是一个链上生成的迷你应用程序绘画程序，持有者可以通过其制作成链上艺术品。如果持有者将整个系列的艺术品拼凑在一起，那么它可以构成一个巨大的 3D 超级城堡。

因此，Terraforms 不仅是一个可以自定义的生成艺术品，而且是一个元宇宙虚拟世界中的虚拟城堡，具有超越了艺术品的可能性。

| 第 14 章 |

推陈出新，进军虚拟房地产

如果把虚拟世界中的土地 NFT 化，则可以赋予其媲美现实世界的土地的特性。土地是承载一切的基础，现实世界如此，虚拟世界也是如此。因此，在 NFT 化的虚拟地产上，也可以建造一切。

14.1 Aethercity，首个虚拟地产

Aethercity 于 2018 年 3 月推出，是第一个基于 ERC-721 标准构建的虚拟房地产项目。Aethercity 建立在 30×30 的网格上，其中包含 104 座建筑物，如图 14-1 所示。

在 Aethercity 中，每个建筑物高度不同，它们拥有不同数量的单元，总数为 902 个。建筑物的业主拥有底层的使用权，其上的单元可以出售给其他用户。

Aethercity 是一个虚拟城市，用户可以通过浏览器访问虚拟世界。相对于 Decentraland 和 Sandbox 等主流元宇宙平台，Aethercity 数量稀缺，功能较为单一，目前仅可以用作 NFT 展示（包括建筑物围墙）。但是，Aethercity 具有简便的流程访问体验，非常适合建立个人 NFT 收藏博物馆。

图 14-1　Aethercity（来源：Aethercity 网站）

14.2　Decentraland，综合类虚拟世界

Decentraland 是建立在以太坊区块链上的去中心化虚拟世界，也是目前很受加密社区欢迎的虚拟地产平台之一，如图 14-2 所示。

图 14-2　Decentraland 界面（来源：Decentraland 网站）

Decentraland 诞生于 2015 年，用户可以用一个虚拟化身进入其中体验内容，也可以自己创建内容，并以 NFT 的形式拥有所创建内容的链上所有权。

Decentraland 是完全去中心化的，完全由用户通过去中心化自治组织（DAO）拥有和运营。DAO 允许用户发起各种提案并对提案进行投票，如果获得社区通过，这些提案将被添加到 Decentraland 的代码中。

Decentraland 由名为 Land 的 90000 个单个地块组成，每个地块的尺寸为 52 英尺×52 英尺[①]，如图 14-3 所示。所有地块基于以太坊区块链建立，是符合 ERC-721 标准的 NFT。

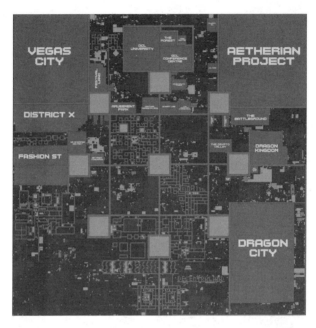

图 14-3　Decentraland 地块图（来源：Decentraland 网站）

地块所有者可以将多个相邻的地块合并在一起，建立自己的庄园。除了土地，Decentraland 中独特的头像、名称、穿戴及其他游戏道具都以 NFT 的形式存在。

Decentraland 还提供了可视化构建器工具，用户只需要进行简单的拖放设计，就可以完成自己的建筑。目前，很多用户已经建造了自己的游乐场、音乐舞台、艺术画廊等不动产设施。

值得一提的是，很多科技公司和区块链公司都在 Decentraland 建立了总

① 英尺：英制计算单位的长度，1英尺≈0.3048米。

部，并且支持员工在平台上聚集在一起进行互动。

从某种意义上讲，Decentraland 已经具备了元宇宙的雏形。

14.3　Sandbox，以游戏驱动生态

Sandbox 也是建立在以太坊区块链的虚拟世界，与 Decentraland 不同的是，Sandbox 具有更强的游戏色彩。Sandbox 成立于 2012 年，是一款手机游戏，每月活跃用户过百万。该游戏于 2018 年全面转移至区块链上。Sandbox 界面如图 14-4 所示。

图 14-4　Sandbox 界面（来源：Sandbox 网站）

类似于 Decentraland 的地块模式，Sandbox 也是由基于 ERC-721 标准的 NFT 地块（Land）组成的，每个地块是边长为 96m 的正方形，地块总数量为 166464，如图 14-5 所示。

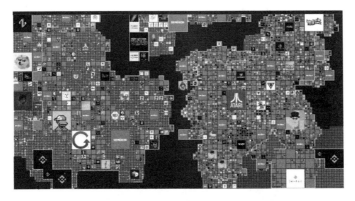

图 14-5　Sandbox 地块图（来源：Sandbox 网站）

Land 代表 Sandbox 地图上的数字地产，玩家可以购买 Land，在上边打造各种体验；一旦玩家拥有地块，就可以用各种游戏和资产来填充它。与其他 Metaverse 实现方式类似，Land 能够组合形成一个庄园，在那里创作者可以创作更大、更身临其境的在线体验。

Sandbox 是一个由社区、用户生成内容（UGC）驱动的平台，在该平台上，创作者能够在基于区块链的去中心化环境中通过数字资产和游戏体验获利。平台提供种类繁多的游戏体验（如维京峡湾、蘑菇狂热、甜蜜村等），其风格和格式与由 Mojang Studios 开发的流行视频游戏 Minecraft 非常相似。

为了让这些游戏中的数字物品拥有所有权并能够交易，Sandbox 上的物品均铸造为符合 ERC-1155 的 NFT，从而使其具有数字稀缺性、安全性和真实性。

Sandbox 为初学者提供了简单的设计工具 VoxEdit。用户无须编码知识，使用 VoxEdit 游戏制作器即可进行游戏创作。VoxEdit 允许用户创建和铸造 NFT 资产，这些资产可以在市场上进行交易。

Sandbox 游戏引擎建立在 Unity 之上，并针对桌面设置进行了优化。通过 Unity 的通用渲染器（URP），Sandbox 最终将有能力在未来支持移动平台的开发，而无须牺牲游戏质量。Unity 游戏引擎还支持自定义的、基于体素的模型、索具，以及源自 VoxEdit 的各种动画格式。

蓬勃发展的 Sandbox 未来将有望成为游戏创作领域的元宇宙。在那里，用户将能够玩游戏、休闲度假及与世界各地的朋友互动。

14.4 Cryptovoxels，加密艺术聚集地

Cryptovoxels 同样建立在以太坊区块链上，与 Decentraland 和 Sandbox 最大的不同主要有两方面，一是 Cryptovoxels 上的地块数量没有最大限制，二是 Cryptovoxels 与虚拟现实兼容。

Cryptovoxels 的中心是名为 Origin City 的正方形区域，可细分为 31 个不

同的社区，其中包括公共街道和个人拥有的地块。Cryptovoxels 地图如图 14-6 所示。

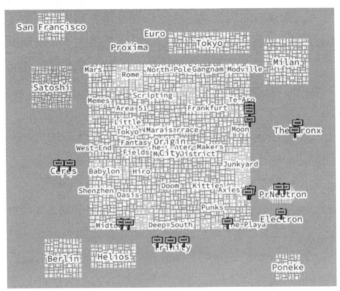

图 14-6　Cryptovoxels 地图（来源：Cryptovoxels 网站）

分布在 Origin City 周围的是额外的岛屿，这些岛屿是后来陆续在 Cryptovoxels 地图上新增加的地块。项目方可以通过增发地块为项目提供新的资金。

Cryptovoxels 支持 VR 头显设备，如 Oculus、HTC Vive 等，这可以让玩家真正体验虚拟世界，而不是普通的 2D 平面画面。Cryptovoxels 界面如图 14-7 所示。

图 14-7　Cryptovoxels 界面（来源：Cryptovoxels 网站）

同时，VR 用户还可以使用语音聊天，直接在游戏中与其他玩家进行交谈。

与 Decentraland 和 Sandbox 一样，Cryptovoxels 上地块的个人拥有者可以自行构建地块上的建筑物。构建地块完全在浏览器中完成，因此，无须使用专门的脚本或编程技能，用户可以简单地拖放以放置地块，并根据需要构建其地块的不同元素。同时，用户还可以在建筑物上添加各种元素，如文本、图像、动图、音乐、视频、3D 模型等。

为了在用户浏览器中实现最佳渲染效果，Cryptovoxels 采用了 babylon.js，这是目前最强大、最清晰的渲染引擎之一，它完全免费和开源，旨在让每个人都能将他们的想法和创作动画化。

Cryptovoxels 提供免费模式，在不连接以太坊钱包的情况下，用户也可以探索 Cryptovoxels 世界，参加他们感兴趣的活动并与之互动，如画廊、策展项目收藏、门户等。这种模式增加了用户体验的便利性且极大地拓宽了用户群体。

用户参与 Cryptovoxels 建设主要有三种方式：一是使用平台提供的免费、可编辑、非网格空间进行体验；二是在其他人拥有的公共建筑上建设；三是买一个自己的地块并自行建设。

Cryptovoxels 有广泛的应用场景：从商业或会议空间到艺术展览和画廊，再到住宅和娱乐中心等。但是，目前来看，Cryptovoxels 以艺术品展示为主，包括画廊和拍卖活动等。在 Cryptovoxels 上，很多艺术家开设了自己的画廊，用户在观看的时候直接点击作品即可跳转至 Opensea 进行购买。

Cryptovoxels 目前未涉及游戏元素，设计风格简单易用。未来，Cryptovoxels 有望成为艺术家建立虚拟画廊和艺术品拍卖的元宇宙，成为加密艺术的圣地。

14.5　Somnium Space，身临其境的 VR 体验

与 Cryptovoxels 一样，Somnium Space 也是一个支持虚拟现实的平台，但是 Somnium Space 最大的特色在于其拥有更加接近真实世界的 3D 效果，旨在提供更加逼真的社交体验，从而构建真正的沉浸式元宇宙。Somnium Space 界面如图 14-8 所示。

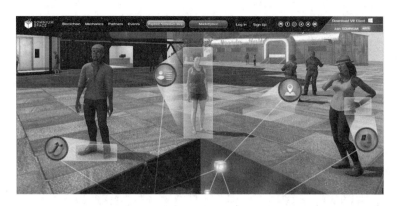

图 14-8　Somnium Space 界面（来源：Somnium Space 网站）

从图 14-8 中可以看出，Somnium Space 是链上 VR 虚拟世界中画面感体验很好的平台。Somnium Space 旨在提供身临其境的 VR 体验，适配众多的主流 VR 头显设备，同时也兼容 2D 观看模式。

Somnium Space 拥有自己的经济和货币、市场、社交体验、游戏、土地所有权等，是一个开放的、用户共建的去中心化 VR 平台。Somnium Space 共拥有 5000 个地块，每个地块大小不一，价值不一。

Somnium Space 提供建造者工具，支持土地所有者在他们的地块上建造建筑物。此外，用户还可以在 Somnium Space 生态系统中设计和铸造自己的数字资产成为 NFT。

Somnium Space 团队的最终愿景是将其打造成下一代社交、电商、娱乐为一体的全新的元宇宙。在这个世界中，用户可以购买土地，建造/导入对象，开发和使用化身，将他们的资产货币化，并完全沉浸在虚拟世界中。项目团队致力于利用新兴的 VR 技术，包括 VR 头显、触觉套装、手指/眼动追踪和运动设备的适配程序，从而为用户提供在家中即可体验的便利和舒适的沉浸式 VR 体验。

第 15 章

赋能传统，多元化的应用场景

NFT 的作用不局限在电子游戏、数字艺术等虚拟领域，对传统经济也有促进作用。通过所有权确权、链上可追溯等多种特性，NFT 可以为体育、音乐等传统经济带来新的发展契机。

15.1 体育

基于区块链技术的 NFT 可以与体育产业相结合，推动体育产业打开全新的市场。

1. 发行 NFT 球星卡，提升粉丝参与度

众所周知的一个 NFT 赋能体育的案例是 NBA Top Shot，如图 15-1 所示。

图 15-1　NBA Top Shot（来源：Dapper Labs 网站）

Top Shot 是由 NBA 球员协会和 Dapper Labs 于 2019 年 7 月一起成立的合资公司，旨在共同打造 NBA Top Shot NFT 项目。该系列上市不到半年即突破 5 亿美元的销售额。

在 Top Shot 上，球迷买家排队等待"pack drops"（发包），然后对球星的"精彩瞬间"进行竞标，如詹姆斯的暴力扣篮、库里的三分绝杀、威廉姆斯的精彩盖帽等。这些球星的精彩瞬间的视频在 Top Shot 上被制作成"数字交易卡"，以 NFT 的形式存储在区块链上。

Top Shot 本质上是一个为 NBA 打造的 NFT 市场，支持球迷购买、收藏和出售具有纪念价值的 NBA 赛场的经典时刻。

NBA Top Shot 可以让粉丝收藏自己喜爱的球星的精彩瞬间，提升了粉丝参与度和黏度。

另一个案例是基于 NFT 的足球游戏 Sorare。Sorare 网站界面如图 15-2 所示。

图 15-2　Sorare 网站界面（来源：Sorare 网站）

Sorare 创立于 2019 年，一直以来备受各界瞩目，其上的足球游戏结合 NFT 的玩法吸引了许多玩家和收藏家。不到两年的时间，Sorare 公司估值就突破了 10 亿美元大关。

在 Sorare 游戏中，玩家可以购买已通过足球俱乐部或足球联盟所认证的 NFT 虚拟足球球星卡，该球星卡可以代表球星进行球队组建，然后参加游戏中的各种足球比赛。这种方式在游戏的同时重塑了球迷之间的交流方式。

在 NBA Top Shot 和 Sorare 中，通过 NFT 将球星的品牌价值进行了数字化，进一步拉近了球星和粉丝的距离，提升了粉丝参与度，同时创造了巨大的经济价值。

2. 推行 NFT 票务，确保独一无二

结合 NFT，体育联盟还可以开展虚拟票务业务。

借助 NFT 技术，门票的真伪不再是问题，球迷在区块链上购买可以确保拿到真正的门票，并经过绝对的数据验证。另外，NFT 还可以帮助追踪该票券的历史价格，不再是毫无根据地购买，让球迷拥有更加便利、透明的购票方式，大幅提升门票销售量。

美国国家橄榄球联盟（NFL）为球迷推出了 NFT 限量版票根，任何通过 NFL 票务网络购买门票的人，都可获得 NFT 门票。与实体门票不同，这些 NFT 票根除了限量，还具备投资价值，且不会有造假的问题，对球迷来说具有很大的吸引力。

3. 建立 NFT 球场，创新体育地产

NFT 球场指的是基于 NFT 构建的虚拟球场，球迷可以购买球场中的虚拟座位，独家观赏特殊比赛或活动，如明星见面会、球星练习赛等。

与购买赛事实体座位票券不同的是，这个虚拟座位如同球场中的房地产，并不是一次性的，而是相当于在虚拟球场买了一小块虚拟地产。虚拟球场通过 NFT 技术，保障了购买者的专属座位，成为可以为体育俱乐部和运动员开发和创造价值的新领域。

15.2 音乐

NFT 已经在视觉艺术领域取得了很大的发展，相对而言，在音乐领域，NFT 应用规模相对较小。但是，长期来看，NFT 所制造的数字稀缺性对音乐产业有着巨大的改造潜力。

NFT 对音乐创作者及整个音乐行业都会带来创新。

对于音乐家而言，可以通过 NFT 音乐拥有更多的控制权和决定权，同时可以获得新的收入流，尤其是在新冠肺炎疫情期间，音乐会等线下活动受限，

线上成了音乐家的主要活动场所。

对于粉丝而言，通过音乐 NFT，可以更近距离地接触喜爱的音乐人，同时能够拥有一部分音乐的所有权，从而更加深度地参与到音乐当中。

对于各种线上音乐平台而言，使用基于智能合约的 NFT，可以更加智能地为各位音乐参与者提供自动化服务。

此外，相对于视觉艺术，音乐 NFT 可以有更加多样化的形式，如音乐会门票销售、采样包、未发行歌曲预览、音乐艺术品等。未来在音乐 NFT 领域，有望诞生更多的远超现在 NFT 已有的应用场景。

下面介绍两个目前较为流行的音乐 NFT 平台 ROCKI 和 Audius。

1. ROCKI

ROCKI 是一个基于 BSC（币安智能链）构建的新一代音乐流媒体服务和音乐 NFT 平台，其网站界面如图 15-3 所示。

图 15-3　ROCKI 网站界面（来源：ROCKI 网站）

ROCKI 通过平台通证对生态参与者进行激励，是第一个既奖励音乐人也奖励参与听众的平台。

ROCKI 推出了两个独特的音乐 NFT——基于 ERC-721 标准的版税收入权 NFT 和基于 ERC-1155 的独家收听权 NFT。ROCKI 采用独特的混合订阅模式，支持音乐家赚取流媒体收入。

ROCKI 为音乐家开辟了新的收入流，同时带来了新粉丝参与度和价值。

在 ROCKI 上，无论音乐创作者的初始粉丝有多少，都可以引入音乐 NFT 及其新型的支付模式。

同时，在 ROCKI 上，听众可以在创建播放列表、提供反馈和主持社交活动时获得平台通证。这种"听音乐即挖矿"的方式属于业界首创。

ROCKI 通过将音乐 NFT 化的形式建立了新型的音乐产业运作模式，对音乐产业的发展提供了新的思路。

2．Audius

Audius 是一个去中心化流媒体平台，旨在成为连接音乐人和粉丝的枢纽。其网站界面如图 15-4 所示。

图 15-4　Audius（来源：Audius 网站）

在传统的音乐串流平台，用户听自己喜欢的歌手的歌曲时，歌手通常不会直接获得收益。由于音乐产业中有众多角色，包括制作人、作词者、作曲者、歌手、唱片公司及串流平台等，导致该产业的授权及分润方式相当复杂。在这种情况下，歌迷很难了解其中的收益分成及版权归属，也难以直接支持喜欢的歌手。

Audius 的主要目标是解决上述痛点，打破传统音乐产业中中间商的分润规则，将 NFT 技术引进串流音乐市场，鼓励内容创作，最终打造一个以音乐人为中心的串流平台。

与 ROCKI 不同的是，Audius 并不直接出售 NFT，而是推出了"收藏品"

功能，允许参与的音乐人和一定级别的用户展示其已经拥有的 NFT。这为音乐创作和用户提供了一个展示和交易 NFT 的场所，类似于"画廊"。在这个"画廊"中，Audius 嵌入了一个专属音乐网站，用户需要在以音乐为中心的基础上展示其他的 NFT。目前，Audius 已经与 SuperRare、OpenSea、Zora、Rarible、Foundation、Catalog 等 NFT 平台实现了兼容。

值得一提的是，Audius 区块链节点由生态参与者共同验证和维护，验证和维护者都可以获得生态通证奖励。节点分为内容节点和探索节点两种，音乐人、歌迷及其他的区块链爱好者都可以参与建设。此外，生态参与者可以使用生态通证对平台的新功能或优化提出建议并进行投票，也可以质押通证获得手续费分成。

通过这种去中心化的商业模式，音乐人即使没有被音乐公司签约，也可以在平台上免费发布作品。在利润分成方面，音乐人能够获得 90% 的销售收入，另外 10%则分配给共同维护 Audius 区块链的用户。

除此之外，Audius 平台还有多种内容获利方案供音乐人选择，包括免费提供串流音乐内容、透过一次性付款解锁所有歌曲或以其他方式贩售自己的歌曲。

15.3　其他

1. 网络信用

NFT 可以对链上的行为和忠诚度进行定义，用户可以基于他们的行为获得不可转让的 NFT，如某种"徽章"。用户拥有的 NFT 将是一个独特的"指纹"，可以识别他们过去的活动。这种历史记录可以作为链上身份和信用记录，以便服务提供方将其作为是否提供某种服务的依据。

1）过去的行动证明

目前，一些链上服务平台已经可以提供基于 NFT 的链上信用资料。Uniswap 可以向用户提供 NFT 证明，以证明用户的信用度；预测市场 Reality Cards 可以让博弈双方最大的持仓者通过 NFT 获得结果，从而可以为用户建立投注历史；POAP 协议可以为会议或活动参与者发出"出勤证明"徽章。

2）成员资格证明

Orca 协议采用 NFT 作为某种成员的资格，通过授予 NFT 的形式为成员添加任务资格，如其治理协议中的捐款委员会。这些 NFT 被用作解某个锁链上权限的凭据，就像奉命执行任务的令牌一样。

2. 所有权证明

使用 NFT 可以对传统互联网世界中的虚拟资产进行所有权确权。

1）个人时间

一些自由职业者或者知识付费专家可以将自己的时间 NFT 化，作为其从事某项咨询服务或解决某项问题需花费时间的所有权证明。这种方式可以将专家的时间更加形象地进行商品化。

2）知识产权

在传统创作和出版领域，知识产权保护易于实施。但是，近年来互联网快速普及之后，由于网络的匿名性和信息传播的快速性，知识产权保护陷入了困境。网络小说、网络视频、网络电影等数字作品的盗版现象比比皆是，而且由于互联网传播的裂变性和快速性，盗版侵权追责难度较大。

NFT 背后的区块链技术为网络作品打上时间戳标签，使得所有权透明化且易追溯，有效地保护了知识产权。

3）其他虚拟资产

其他虚拟资产，如网络域名、商标等虚拟资产也可以使用 NFT 进行链上确权。

3. 实物资产记录

实物世界中资产的所有权通过中心化的第三方机构进行记录，如房产、股票、艺术品、驾照、资质等。房产的所有权由政府不动产部门颁发的不动产登记证明记录，股票由股票交易所的后台记录，其他资产基于同样的原理，由可信任的第三方机构进行记录和确权。

传统的第三方记录的方式有中心化舞弊的风险，同时在转让、更新等方面效率较低。NFT 可以解决资产的可信记录问题，同时提升业务处理效率。

NFT 记录实物资产的最主要问题在于实物资产和链上记录的映射问题。数字资产托管商 Aegis Custody 推出的 DigiQuick 可以将应收账款、艺术品、绿色能源贷款和电子商务贷款转化为可以轻松交易的 NFT，是一种解决实物资产与链上记录映射问题的创新方案。

4．保险

传统世界的保单可以进行 NFT 化，每份保单都是独一无二的，这一点与 NFT 的特性非常契合，而且，保险行业的传统纸质保单已经逐步被电子保单取代，因此，保单的上链和 NFT 化是能够真正落地的。

目前，已经有相关的平台进行这方面的实践，如 iearn.finance、yinsure.finance 等。

第五篇　周边篇

第 16 章

衍生发力，发现更多可能性

NFT 的不可分割为其带来优势的同时，也限制了它的发展。通过 NFT 的碎片化使其重返 ERC-20 标准，可以实现所有权分散、借贷等，使 NFT 有了更多的可能性。

16.1 NFT 碎片化，助力 NFT 流动性

由于 NFT 无法分割，所以，每个 NFT 只能有一个链上持有者。对于一些高价 NFT（如 CryptoPunks 等），普通用户无法拥有。NFT 碎片化即是对 NFT 所有权的碎片化，让普通用户可以拥有高价 NFT 的一部分。从另一个角度讲，通过 NFT 碎片化，可以使一个 NFT 拥有多个所有者。

简而言之，NFT 碎片化是基于一个适当的通证模型，让众多用户共同拥有和行使对某个 NFT 的所有权。

NFT 碎片化是将 ERC-721 向 ERC-20 转化的过程，NFT 碎片化示意如图 16-1 所示。

转化为 ERC-20 后，NFT 具有了更多的玩法。

下面介绍几个 NFT 碎片化平台。

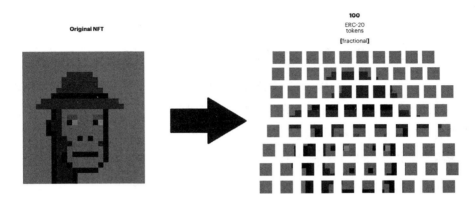

图 16-1　NFT 碎片化示意图（来源：Fractional 网站）

1. Fractional

Fractional 是一个建立在以太坊上的 NFT 碎片化协议，NFT 所有者可以在其中将一个或多个 NFT 进行碎片化。Fractional 网站界面如图 16-2 所示。

图 16-2　Fractional 网站界面（来源：Fractional 网站）

碎片化的方式如下：NFT 持有者将其持有的 NFT 缩进智能合约，同时由智能合约创建对应的 ERC-20 同质化通证。

使用 Fractional 可以实现以下目的。

1）单个 NFT 的所有权分散

通过 Fractional 可以实现 NFT 的所有权的分散，使得普通用户可以拥有 NFT 所有权的一部分。同时，NFT 的持有者可以在不出售整个 NFT 的情况下，获得一定的流动性。

2）一篮子 NFT 的所有权分散

除了对单个 NFT 的碎片化，用户还可以对其持有的一篮子 NFT 进行碎片化。该一篮子 NFT 是一个特定的 NFT 集合，用户可以通过持有 ERC-20 通证来拥有该集合的一部分所有权。这样，普通用户可以共享 NFT 资深收藏者的收藏组合，并能从其中获得收益。

3）拍卖投票权

当 NFT 拍卖时，持有 NFT 碎片化通证的用户拥有对拍卖底价设定投票的权利。这个底价指的是第三方拍卖机构拍卖 NFT 的 ETH 价格。拍卖成功后，用户按照持有通证的比例换取 ETH。

4）价格发现

对于 NFT 持有者而言，通过碎片化市场可以出售一定比例的 NFT，从而对其整体价格进行估算。

Fractional 的运作方式如下：NFT 持有者首先创建 NFT Vault（保险库），将 NFT 托管在保险库中。同时，作为交换，保险库将按照持有者的要求生成 ERC-20 通证并将其 100%的所有权交给 NFT 持有者。NFT 持有者可随意支配这些通证。

Fractional 的运作方式示意如图 16-3 所示。

2. Unic.ly

Unic.ly 是另外一个 NFT 碎片化平台，它在碎片化的基础上引入了流动性挖矿和自动做市商机制（一种市场交易机制），扩展了 NFT 碎片化之后的其他功能。

Unic.ly 的 NFT 碎片化运作原理和 Fractional 大致相同。NFT 持有者将 NFT 锁定在智能合约后，智能合约会自动创建 uToken。uToken 是一种 ERC-20 通证，发行量由创建者设定，一种 uToken 可以对应一个或多个 NFT 集合。

在 uToken 发行后，普通用户可以通过购买 uToken 来获得 NFT 或 NFT 集合的所有权的一部分。

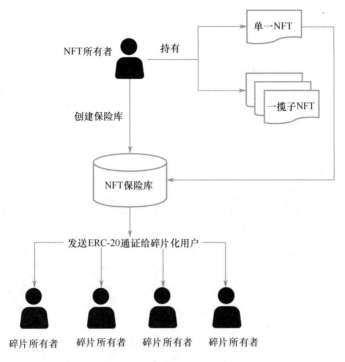

图 16-3　Fractional 的运作方式示意图

当 NFT 集合中的单个 NFT 被拍卖时，uToken 持有者可以对是否接受最高竞价进行投票。当同意接受最高竞价的票数达到一定比例时，NFT 会被自动解锁，最高出价者竞买成功。同时，uToken 的持有者按照比例获得 NFT 销售所得。

此外，Unic.ly 允许 NFT 碎片化集合创建者可以随时向集合中添加新的 NFT。这项功能保证了盈利性 NFT DAO 在部分 NFT 售出后，及时对投资组合进行补充。

总之，NFT 碎片化打通了 NFT 与 DeFi 连接的桥梁。

16.2　NFT 借贷，向 DeFi 迈进

当前，NFT 主要应用于收藏，NFT 持有者大多数只能通过出售 NFT 资产来获得收益。这大大限制了 NFT 作为一项价值资产的金融属性，使得 NFT 在

出售获利之前成为一项闲置资产。

NFT 借贷可以将 NFT 从闲置资产中解放出来，使其可以作为一项资产进行抵押，从而获得更多的流动性和其他金融属性。

NFTfi 是一个 NFT 流动性协议，支持 NFT 所有者以去中心化的方式从点对点的流动性提供者那里获得有担保的 wETH 和 DAI 贷款。NFTfi 网站界面如图 16-4 所示。

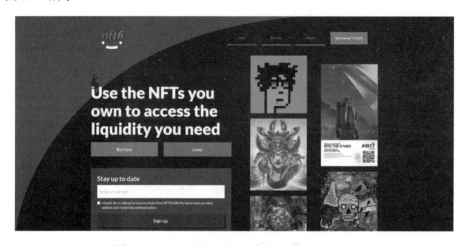

图 16-4　NFTfi 网站界面（来源：NFTfi 网站）

通过 NFTfi，NFT 流动性提供者可以获得有吸引力的收益，如果借贷者违约，则有机会以低于其市场价值的价格获得 NFT。

总而言之，NFT 借贷是借出方为借入方提供流动性。在 NFTfi 上，借出方使用 wETH 贷款来换取对于借入方作为抵押品的 NFT 资产的暂时所有权。作为借出方，可以设置贷款价值、利息和贷款期限等。

16.3　NFT 租赁，发掘使用价值

NFT 租赁的目的是发掘 NFT 的使用价值，使得 NFT 能够像现实世界中的房产一样，通过满足他人的居住需求来获得收益。

下面介绍两大具有代表性的 NFT 租赁平台：Cryptopunk.rent 和 reNFT。

1．CryptoPunk.rent

CryptoPunk.rent 是一个专门为 CryptoPunks 提供租赁服务的平台，网站界面如图 16-5 所示。

图 16-5　CryptoPunk.rent 网站界面（来源：CryptoPunk.rent 网站）

CryptoPunks 是加密世界最受欢迎的头像之一，但是由于价格太过昂贵，普通人无法负担，于是诞生了租赁头像的真实需求。

CryptoPunk.rent 租赁业务相当于由 CryptoPunks 所有者签署了一项租赁协议，该协议授予租客在最长 99 天的固定时间段内将加密朋克显示为自己头像的权限。

CryptoPunk.rent 租赁协议利用 CryptoPunks 合约中的 offerPunkToAddress 函数来规避智能合约风险。

CryptoPunks 所有者和租户的权责条款如下。

（1）租户可以在 Twitter、Discord、NFT 市场和朋克用户聚集的任何其他社交平台上显示他们租用的朋克的头像。

（2）CryptoPunks 所有者不得在这些平台上使用他们自己的朋克，而租户拥有使用朋克的权利。

（3）CryptoPunks 所有者同意在租赁期间不出售租户拥有租赁权利的任何朋克。

（4）到期后，租户同意主动将其租用的朋克从平台上移除。

目前市场上有 20 多个朋克被租赁了出去，这表明租赁 NFT 是真实的市场需求。CryptoPunk.rent 平台是 NFT 租赁的早期尝试者，对后续的 NFT 租赁提供了借鉴意义。

2. reNFT

reNFT 是一个 NFT 租赁平台，其网站界面如图 16-6 所示。

图 16-6　reNFT 网站界面（来源：reNFT 网站）

reNFT 的早期核心产品基于以太坊 ERC-71 和 ERC-1155 建立的点对点租赁平台。目前，reNFT 已经获得了诸多知名机构的投资，正在将租赁功能扩展到 Polygon 等其他区块链上。

对类似于 Decentraland 和 Sandbox 这样的元宇宙的 NFT 虚拟地产而言，由于其先天性的地产属性，其租赁功能必不可少。这些 NFT 的租赁功能和图片类的 NFT 不同，可以在自身生态内实现，因此本节不另行赘述。

16.4　NFT 指数基金，市场"晴雨表"

NFT 指数基金以 NFT 碎片化为前提，是一种由多个 NFT 碎片化后的 ERC-20 通证或多种通证按照一定比例构成的组合，可以反映 NFT 市场的总体状况。

本节以具有代表性的 NFTX 平台进行介绍。

NFTX 是一个能将各种 NFT 收藏品作为锚定资产，并以此发行 ERC-
20 通证的平台。这些通证或通证组合被称为指数基金。NFTX 网站界面如
图 16-7 所示。

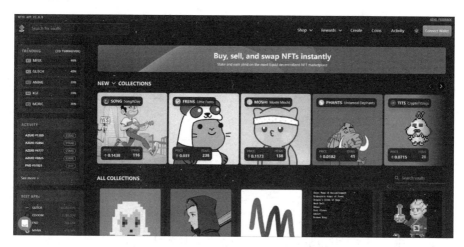

图 16-7　NFTX 网站界面（来源：NFTX 网站）

在 NFTX 中，用户将他们的 NFT 存入 NFTX 保险库并铸造一个可替代的
ERC-20 代币（vToken），该代币代表对保险库内随机资产的索取权。vToken
还可用于从保险库中兑换特定的 NFT。

通证 NFTX 平台可以为 CryptoPunks、CryptoKitties 或 Axies 等收藏品创
建指数基金，并借助类似于 Uniswap 这样的 DEX 增强流动性。

| 第 17 章 |

应用公链，专为 NFT 而生

由于以太坊区的交易拥堵和高 Gas 费的制约，一些信奉环保主义的艺术家对 NFT 望而却步，一些高并发的 NFT 链上游戏无法运行。因此，开发者寻求建立专为 NFT 发展而设计的应用型公链。

17.1　Flow，明星团队的又一力作

Flow 由 CryptoKitties 制作团队 Dapper Labs 开发，是专门为 NFT 和大型加密游戏等设计的高性能区块链。CryptoKitties 在 2017 年推出时曾导致以太坊网络的拥堵，这使得 Dapper Labs 团队意识到以太坊等综合公链难以满足 NFT 高速增长的需求，因此，决定开发能够专门适用于 NFT 的高扩展性公链。

Flow 的主要目标是解决高频链上交互带来的网络拥堵问题，以满足用户对 NFT 和加密游戏等应用的体验需求。

Flow 在保证去中心化信任机制的前提下，最大程度地满足 NFT 等应用的可组合性、链上存储的安全性及功能组件的可扩展性。Flow 基于创新的多角色架构，在速度和吞吐量方面进行了大规模改进，同时对开发者提供了友好、

符合 ACID 的开发环境。Flow 无须分片技术，即可实现大规模的扩展性，提供高速低成本的链上交易体验。

Flow 区块链将验证节点分成 4 个不同的角色，每种角色承担不同的职责。

（1）Collector Node：收集者节点的职责是提高效率。

（2）Execution Node：执行节点的职责是扩展规模。

（3）Verifier Node：验证节点的职责是确保正确。

（4）Consensus Node：共识节点的职责是保证去中心化。

Flow 基于一种经过验证的权益证明共识机制 HotStuff，通过对以上不同角色的不同分工，各类节点各司其职，从而实现了高速度和高吞吐量，而且，这个过程无须依赖任何分片技术。

总体而言，Flow 的优势如下。

1. 架构独特

Flow 区块链采用独特的多角色架构，不同角色验证不同内容。这种设计支持网络在不分片的前提下进行扩展，同时保证了完全去中心化。

2. 交互便捷

Flow 区块链的智能合约采用 Cadence 语言编写，对于链上应用的交互和调取更加便捷和安全。

3. 开发简便

Flow 区块链的智能合约是可升级的智能合约，同时支持 Flow 模拟器，简化了开发过程。

4. 入门简单

Flow 区块链上的 Onramps 提供了一个可以低费用兑换通证的安全平台，满足了主流消费者的需求。

目前，Dapper Labs 开发的 CryptoKitties 和 NBA Top Shot 已经迁移到了 Flow 上。同时，Flow 作为公链领域最环保的 Web 3 网络，其上已经聚集了一大批开发者，在未来具有广阔的发展前景。

17.2 Tezos，厚积薄发的艺术圣地

Tezos 是一个老牌 POS 公链项目，诞生于 2014 年，曾在 2017 年募集了 2.3 亿美元。但是，在近几年，Tezos 趋于沉寂，一直未得到市场广泛关注，错过了 DeFi 等诸多浪潮。

2021 年，NFT 行业爆发式发展，由于在以太坊上面临高昂的 Gas 费，于是一些小众艺术家聚集到了基于 Tezos 的小众加密艺术平台 Hic Et Nunc 上。

Hic Et Nunc 诞生于 2021 年 3 月，简称 HEN，其网站界面如图 17-1 所示。

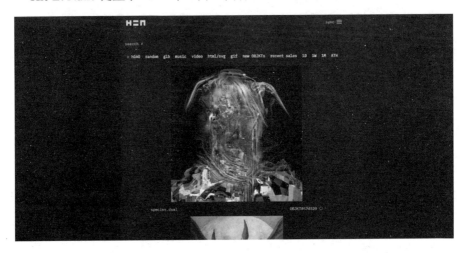

图 17-1 Hic Et Nunc（来源：Hic Et Nunc 网站）

在 NFT 浪潮驱动下，HEN 声名鹊起，Tezos 也因其高效率、低费用的特性重新被人们关注和推崇。

依托 Tezos 区块链，HEN 具备了以下特性。

（1）环保概念。很多传统艺术家和粉丝具有环保情结，相当一部分艺术家对 NFT 背后区块链挖矿造成的环境问题表示担忧，又或者在尝试涉足 NFT 时受到了粉丝的抵制。因此，环境问题成为阻碍圈外传统艺术家进军 NFT 的主要障碍。

由于 Tezos 采用 POS 共识机制，没有碳排放和环境污染，而且 HEN 经常

为贫穷地区捐赠或者参加公益组织义卖的活动，树立了正面的公益形象。因此，HEN 受到了艺术家的广泛欢迎。

（2）费用低廉。在 HEN 上发 NFT 的 Gas 费极低，约 0.4 美元，而在以太坊上则需要上百美元。以太坊上高昂的 Gas 费是阻挡大部门艺术家发行 NFT 的一个主要门槛，而基于 Tezos 的 HEN 解决了这个问题。

除了这些，HEN 平台火热的原因来自其本身的一些特点。

1．圈层驱动

HEN 的早期用户包括一些在生成艺术领域具有一定影响力的人物，他们的成功吸引了更多艺术家的加入，形成了一个艺术氛围浓厚的强共识圈子。以生成艺术为中心，HEN 构建了一个庞大的艺术家圈层。

2．形式多样

相对于 OpenSea 这类仅支持图片和视频展示的平台，HEN 支持多种文件格式的艺术品，尤其是互动类的数字艺术。在 HEN 上，艺术品可以是可缩放向量图形、3D 建模、电子文档、网页、程序等格式，这一点，多样化的展现方式增加了艺术品的丰富性，拓宽了艺术的边界。

3．社区团结

HEN 社区的核心成员都是早期生成艺术的参与者，他们中的很多人后来在 Art Blocks 上发布了作品，这些艺术家都愿意帮助 HEN 上的后起之秀。因此，互帮互助、团结一致的社区风气在 HEN 盛行。

4．模式新颖

在 HEN 上，艺术家的收入除了首次售卖艺术品的收入，还有持续不断的二手交易分成，分成比例在 NFT 发行时由艺术家自行确定。HEN 上的艺术家倾向于发行多个副本，而且尽量降级一级市场定价。这样既降低了收藏门槛，获得了粉丝，又可以在后期通过分成赚取更多收入。

5．物美价廉

在 HEN 上，很多艺术品只需要几美元，而同类作品在 SuperRare 上起码要卖上千美元。在 HEN 上，艺术家不仅仅出售艺术品，更多是通过创作来获得粉丝的点赞和打赏。从某种意义上讲，HEN 更像是基于艺术分享和交流的高黏性社交平台。

对于借助 HEN 再次回到聚光灯下的 Tezos 而言，除了费用低廉，其与以太坊的最大不同点在于其可以进行自我修复的链上治理模式的设计。Tezos 可以通过其通证 XTZ 的持有者的批准而进行自我升级，各个节点可以通过变更自己的代码来决定项目未来的发展方向。这个设计在一定程度上可以避免区块链社区的分裂问题。

Tezos 自我修复的链上治理模式意味着系统升级不需要对区块链进行分叉，因为它具有自我修复功能。Tezos 的链上治理模式也意味着 XTZ 持有者能对区块链的发展方向进行投票，投票为代码变更提供了正式的流程。同时，Tezos 使用 LPoS 共识模型，每个利益相关者都可以参与验证网络上的交易并获得相应的奖励。

总体而言，Tezos 与大多数公链产品不同，多年来持续专注于产品开发，并没有进行太多的营销活动，因此，其未来的可用性值得期待。

17.3　WAX，NFT 公链之王

WAX 的全称是 Worldwide Asset eXchange，是一个 NFT 专用区块链，其官网宣称 WAX 被誉为"NFT 之王"，是目前一个非常成熟、环保的 NFT、视频游戏和收藏品区块链。

WAX 主网于 2019 年 6 月正式上线，采用了类似于 EOS 的 DPoS 共识机制，依次来支持 NFT 和游戏的高吞吐量，从而吸引了大批 NFT 和链游开发者。WAX 的理论 TPS 达 3000 以上，其 Gas 费用较 ETH 也低很多。

WAX 的开发团队是原在线游戏虚拟道具交易平台 OPSkins 的创始团队，WAX 的 CEO William Quigely 曾担任 Tether 联合创始人。WAX 的开发团队称 WAX 具有每周处理约 200 万笔交易的能力，完全可以应对 NFT 和链游对于高扩展的需求。

WAX 已经与 Xsolla 和 Animoca Brands 等业内知名公司展开合作，并推出

了包括 Deadmau5、Atari、William Shatner 和 Capcom 等知名 IP 的 NFT。

总体而言，WAX 公链具有以下 4 个优势。

1．专用性

WAX 的目标是构建市场上最专用的区块链、专门服务业 NFT 和链游领域。一系列定制的专属功能可以更好、更专业地赋能 NFT。

2．扩展性

DappRadar 显示，WAX 的每日用户数已超过 32 万，每日交易量超过 1500 万元。此外，WAX 云钱包是世界上使用最多的区块链钱包，目前拥有超过 500 万个账户。

3．广泛性

WAX 为用户提供了对数千个 DApp 和 NFT 市场的访问权限，如 Atomic Market 和 NeftyBlocks 等。同时，WAX 上承载了世界上诸多顶级区块链游戏，如 Alien World、Prospectors、R-Planet、Kolobok Adventures 等。

4．环保性

与 Tezos 的 POS 机制类似，WAX 的 DPOS 机制也是环保区块链。WAX 的能源效率相对于传统公链提高了 125000 倍，并且使用的能量不到比特币和以太坊等工作量证明区块链的 0.00001%。因此，WAX 在 2021 年年初获得了 Climate Care 的碳中和认证。

除此之外，WAX 还创新性地提出了 vIRL NFT，这与其他区块链上的标准 NFT 不同。vIRL NFT 具有许多动态功能，包括应用程序与视频游戏集成、营销工具和 V-commerce 功能等。其中 V-commerce 可以将 vIRL NFT 映射到现实世界中的物品，通过该功能，NFT 拥有者只需要在买家需求时进行实物所有权转移即可。

第六篇　未来篇

| 第 18 章 |

链上扩展，打造可组合乐高

NFT 不只是一张图片，不仅是用作社交头像、艺术品、收藏品和虚拟地产，而且是可以作为构建链上元宇宙所需要的"元数据"。未来，NFT 不再是一个视觉物品，而是一个抽象的、可扩展的数据内核。

18.1　Mythcats，首个 NFT 互操作案例

Mythcats 是早期以太坊区块链游戏 Mythereum 为 CryptoKitties 打造的创意卡牌，如图 18-1 所示。

Mythereum 于 2018 年 2 月推出，是一款 NFT 集换式卡牌游戏，玩家可以使用不同强度和力量的卡牌相互对战，如图 18-2 所示。

Mythereum 团队将 CryptoKitties NFT 添加到了游戏中，CryptoKitty NFT 持有者可以将其在游戏中铸造成一个新的 Mythicat NFT，CryptoKitty NFT 的稀有度决定了 Mythicat 的稀有度。如果用户想退出游戏，可以解除绑定，解除后的 CryptoKitty NFT 恢复原位。

简而言之，Mythicat 实现了 CryptoKitties 和 Mythereum 的链上互通。这个创新尝试早于后来的互操作项目 Loot。

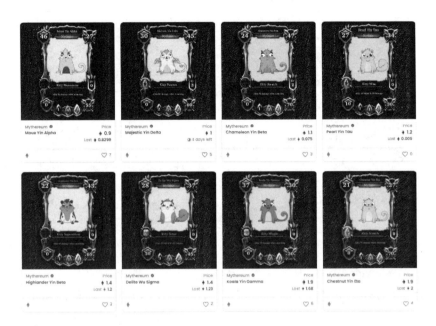

图 18-1　Mythcats 卡牌（来源：Mythcats 在 Opensea 的截图）

图 18-2　Mythereum 游戏（来源：Mythereum 网站）

18.2　Webb，可互操作的像素游戏

Worldwide Webb 是一款可互操作的像素艺术 MMORPG 虚拟世界游戏，支持用户将持有的 NFT 应用到游戏中，如图 18-3 所示。

图 18-3　Worldwide Webb 游戏（来源：Worldwide Webb 网站）

在 Worldwide Webb 中，用户可以将其持有的其他 PFP NFT 导入其中，成为游戏中的角色。除此之外，Worldwide Webb 还支持宠物、物品等 NFT。

Worldwide Webb 的愿景是创建一个开放的元宇宙模板，支持用户将他们拥有的其他 NFT 整合在其中，并在其中建立自己的社区。尽管目前已经有很多 3D 项目，但是 2D 世界在游戏领域仍然占据着不可动摇的地位，Worldwide Webb 致力于建立 2D 世界的元宇宙。Worldwide Webb 的最终目标是成为一款完全互操作的元宇宙游戏，为创造者和收藏家创造经济价值。

目前，3D 元宇宙项目受制于各种技术，用户体验和开放程度等均存在不足。但是，Worldwide Webb 采用 2D 像素方法能够快速集成目前所有的 NFT 项目。通过 NFT 项目的整合，可以与其他社区建立巨大的网络效应，从而率先形成庞大的玩家社群。

Worldwide Webb 认为，最好的游戏应该是故事驱动的，像素艺术一直在塑造和启发着电子游戏。Worldwide Webb 致力于使用 NFT 和 Web 3 技术来推动电子游戏向前发展。

18.3　Loot，元宇宙中的通用装备

Loot 在 2021 年 8 月由原 Vine 联合创始人 Dom Hofmann 创建，是一种仅包含文本的链上 NFT，如图 18-4 所示。

在发布 Loot 之前，Dom 发起和参与了一些创新的 NFT 项目，如 Blitmaps、Supdrive 和 Nouns，这些项目吸引了一大批狂热的 NFT 追随者。

2021 年 8 月 27 日，Dom Hofmann 在推特上发布一条信息，宣布 Loot 诞生，如图 18-5 所示。

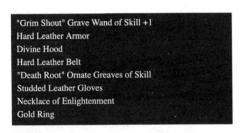

图 18-4　Loot（来源：Loot 网站）　　图 18-5　Dom 发布 Loot（来源：推特@dhof）

该推文一出，7777 个可供铸造的 Bags 当天即被抢购一空。随后的短短几天，Loot 引发了市场热潮，二级市场价格和交易量急速攀升，屡创新高。与此同时，众多媒体争相报道，各路投资人争相入局。

如图 18-6 所示，在 Loot 官网，只有简单的一句话说明：Loot 是随机生成并存储在链上的冒险者装备。统计数据、图像和其他功能被故意省略，以供其他人解释。用户可以随意以任何想要的方式使用 Loot。

图 18-6　Loot 官网

每个 Loot 包含 8 行文字，以 NFT 形式记录在以太坊区块链上，总量为 8000 个。这 8 行文字代表 8 个冒险装备，分别是武器（Weapons）、胸甲（Chest Armor）、头甲（Head Armor）、腰甲（Waist Armor）、足甲（Foot Armor）、手甲（Hand Armor）、项链（Necklaces）、戒指（Rings）。这些装备具有稀缺性，采用随机分配的形式组合在一起。

1．如何使用 Loot

下面用 Loot 生态的早期项目 LootCharacter 进行说明。LootCharacter 对 Loot 的文字内容进行了像素图像展示，以 Dom 推文中展示的第一个 Loot 为例进行说明，如图 18-4 所示。图 18-4 中的内容翻译成中文后如图 18-7 所示。

LootCharacter 对上述装备图形化之后的结果如图 18-8 所示。

"冷酷怒吼"死亡魔杖+1
硬皮护甲
神罩
硬皮腰带
"死亡之根"华丽的技能
护腕镶饰皮手套
天启项链
金戒指

图 18-7　Dom 推文中展示的第一个 Loot 中文翻译　　　图 18-8　LootCharacter

除了 LootCharacter，还有很多社区的衍生项目对 Loot 的文字有着独特的理解，如 Loot Swag，它对 Loot 进行了更加逼真的图形化，如图 18-9 所示。

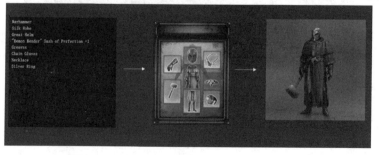

图 18-9　Loot Swag（来源：Loot Swag 网站）

HyperLoot 是 Loot 社区的另一个衍生项目，它对 Loot 的图形化如图 18-10 所示。

HyperLoot

图 18-10　HyperLoot（来源：HyperLoot 网站）

还有人基于 Loot 构建了地图，如 LootRealms 这个项目，如图 18-11 所示。

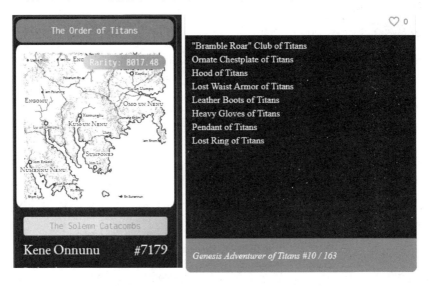

图 18-11　LootRealms（来源：LootRealms 网站）

由此可见，对于同一个 Loot NFT 中的 8 个词组，不同的人可以对其有不同的理解，不同的项目可以基于 Loot 构建不同的角色，甚至地图、音乐、房屋等其他各种元素。这些元素是未来开放元宇宙的组成部分。

2. Loot 与其他 NFT 有何不同

Loot 和其他 NFT 项目相比，具有很多不同。

以 CryptoPunks 为例，它在发行之初就事先设定好了 24 像素×24 像素的像素图像，持有者或开发者无法对其进行任何更改，而 Loot 则不同，开发者可以定义任何自己想要的头像和其他任何东西。

绝大多数 NFT 项目都是开发者建好的"房子"，将"房子"卖给用户，而 Loot 是提供了一块空地，让开发者按照自己的想法自行建"房子"。

这正是 Loot 与其他项目的不同之处，也是 Loot 被称为"NFT 界的以太坊"的原因所在。

目前，Loot 社区的开发者围绕 Loot 已经构建了很多生态应用，尽管都很初级，但是已经具有了星火燎原之势。

3. Loot 是多重元宇宙的身份内核

元宇宙由两大部分组成：场景和玩家。

各个大公司或者社区所构建的元宇宙平台属于场景部分，场景是固定不变的，包括其中的固定不动的部分，如土地、道路、房子、树木等，以及能够移动的部分，如汽车、宠物等。严格来说，平台建立的用户角色系统也属于平台的场景部分。

每个元宇宙平台具有自己独特的场景，如卡通风格、像素风格等，不同平台之间的场景不同。

对于某个固定的场景来讲，玩家是动态的，玩家随时可以进入游戏、离开游戏。未来的元宇宙是多重宇宙，而一个玩家在同一时间只能体验一个元宇宙，如果想要体验多个元宇宙，就需要在不同元宇宙间进行切换。

如果说每个元宇宙只有一套自己的身份系统和自己的装备系统，那么玩家每进入一个不同的元宇宙，就要去领取一个身份或领取一套装备，然后从头开始修炼。玩家每进入一个新的元宇宙，都要重复这个过程。在这种情况下，如果玩家在元宇宙 A 中已经修炼到了很高的级别，他首次进入元宇宙 B 时仍然是一个新手，需要重新开始。在前文中已经提到，未来可能会有很多个元宇宙，这种频繁的从头再来的方式会让玩家体验变得很差，同时也会使新的元宇宙平台缺乏吸引力。

所以，元宇宙中需要一套被所有元宇宙都公认的、通用的身份系统或者装备系统。当玩家持有这套装备时，可以进入任意元宇宙。玩家的链上年龄和装备的稀有程度，应该被大家所公认。这个公认，是某家传统的中心化元宇宙公司不可能做到的，必须依赖基于区块链的去中心化社区共识，Loot 即提供了这个共识的可能性。

任何以 Web 3 为底层或兼容 Web 3 的元宇宙都可以适配 Loot，当持有 Loot 的钱包登录平台时，平台会自动匹配已经开发好的角色或装备，玩家即自动获得了平台角色。该角色具有 Loot 标识，可以被平台上的其他玩家所识别，玩家自我炫耀的需求得到满足。

所以，Loot 是一套通用的装备。谁持有 Loot，谁就拥有了自由穿梭在各个元宇宙之间的通行证，并且因为这套装备的稀有性而被其他玩家所崇拜和羡慕。Loot 在不同的元宇宙当中会表现为不同的形态，自动适应所进入的场景。

另外，在同一个场景当中，不同的 Loot 将表现出不同的外观形态或装备。从这个意义上讲，Loot 相当于人类的基因组。这 8 个词组，就相当于基因一样，决定了 Loot 在元宇宙当中的外观形态或装备。

4. 元宇宙平台为什么会接入 Loot

Loot 成为多元元宇宙通用设备的前提是各个元宇宙平台都接入 Loot，那么它们会不会接入元宇宙呢？在笔者看来，接入与否要看接入的收益和成本比。收益指的是接入 Loot 后带来的用户流量和品牌效应，成本指的是接入时花费的人工、费用和时间等成本。

因此，要想让所有元宇宙平台都接入 Loot，Loot 社区要做两件事情。

第一件事情是发展壮大社区共识，提升关注度。当然，Loot 用户上限为8000 个，数量非常少。但是 Mloot 的推出弥补了这一缺陷，Mloot 具有相对较大的用户量。再者，类 Loot 项目，如 Xloot、Ploot 等可以进一步放大整个 Loot 系项目的用户量。最终整个 Loot 系项目的用户量会让各大元宇宙平台觊觎。

第二件事情是降低开发成本。目前 Loot 社区建设者正在持续开发各类工具，降低 Gas 费，让元宇宙的 Web 3 平台兼容 Loot 的成本越来越低。

下面对不同类型元宇宙平台未来对 Loot 的接入状况进行讨论。

1）大公司元宇宙平台

可以肯定地讲，大的元宇宙平台尤其是传统互联网基因的元宇宙平台，如 Meta 这样的大公司是不会接入 Loot 的，至少在很长一段时间内不会。首先，他们要打造自己的闭环，企图做元宇宙时代的"霸主"，是不可能割舍出玩家装备这一块的。其次，Loot 的用户体量与互联网巨头比起来还是非常小的，算上 Mloot 才几百万用户，即使所有 Loot 仿盘都算上，用户量也是与 Meta 几个亿的用户量无法相比的。

但是，在不远的将来，当自下而上的范式不断取得成功并以星火之势燎原时，巨头不得不对 Web 3 开放，并兼容 Loot。

2）小型元宇宙项目

一些忠实的区块链个人开发者或小型团队的项目已经接入了 Loot，它们基于 Loot 开发，对 Loot 和 Mloot 用户开放。虽然它们现在规模很小，发展得很慢，但是具有旺盛的生命力。

3）头部区块链项目

基于区块链的较为大型的 Web 3 元宇宙项目，将会很快接入 Loot。首先，Web 3 元宇宙项目的用户体量不是很大，需要 Loot 和 Mloot 社区带来的精准用户。其次，Web 3 元宇宙项目的去中心化共识和 Loot 一致，甚至开放团队本身就是 Loot 范式的忠实信仰者。最后，随着 Loot 接入工具的开发完善，Loot 接入成本越来越低，几乎趋于零。这时，对于项目而言，一定会接入 Loot，因为这是一种无须投入但是可以获得大量早期用户的最佳方式。

对于基于 Loot 仿盘开发的项目来讲，目前大都是项目方自己的项目，真正的第三方开发者如果没有利益关系是不可能撇开 Loot，而只去 Loot 仿盘开发的。这些项目最终也会接入 Loot 生态。

需要说明的是，接入 Loot 并不只是可以获得这 8000（上限）个用户，而是所有关注 Loot、Mloot、Loot 仿盘及 Loot 范式的用户，这将是一个庞大的潜在用户群。

18.4　Crypts and Caverns，链上游戏地图

Crypts and Caverns 由 Threepwave 在 2021 年推出，是 9000 张不同的链上游戏地图集合，如图 18-12 所示。

图 18-12　Crypts and Caverns（来源：Crypts and Caverns 网站）

Crypts and Caverns 是一个极具创新性的链上地图项目，受 Loot 启发而推出，相当于一个可扩展的、链上的 Lootverse "乐高"。每个 Crypts and Caverns NFT 都是在智能合约中以编程方式产生，每一个都是独一无二的。每张地图中的数据都经过精心优化，支持文本、2D 和 3D 世界，可以很好地适用于 Loot 生态系统。开发人员、设计师和艺术家都可以直接调用 Crypts and Caverns 合约，将他们自己的游戏机制、策略和图形集成在上面。

Crypts and Caverns 与 Loot 具有一样的开放性，游戏开发者和地下城主们能够在 Crypts and Caverns 发挥充分的自主性和想象力，如定义怪物、视觉风格、出生点等。

Crypts and Caverns 中的所有数据都通过 Solidity API 公开，为那些想创建冒险游戏的开发者提供了很大的灵活性和扩展性，他们可以用如下 4 种形式对其进行表示。

1. 基于文本的冒险的 2D 数组

基于文本的冒险的 2D 数组如下：

```
['X','X','X','X','X'],
['X','','','X',''],
['X','',' X', 'd', ''],
['X', 'd', '', '', 'X'],
['X', '', 'p', '', 'X'] ,
['X', 'X', '', 'X', 'X']
```

2. 低保真度的 2D 图形

低保真度的 2D 图形如图 18-13 所示。

图 18-13　低保真度 2D 图形（来源：Crypts and Caverns 网站）

3. 高保真度的 2D 图形

高保真度的 2D 图形如图 18-14 所示。

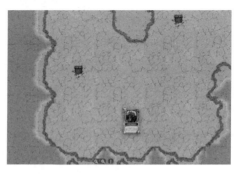

图 18-14　高保真度 2D 图形（来源：CryptsandCaverns 网站）

4．3D 图形

3D 图形效果如图 18-15 所示。

图 18-15　高保真度 3D 图形（来源：推特@cryptsncaverns）

Crypts and Caverns 开发者 Threepwave 认为，创建一个链上游戏需要如下 3 个关键部分。

（1）人物。人物即角色身份，由钱包地址来映射。目前 Loot 生态中的 The Genesis Project 正在尝试解决这个问题。

（2）事物。事物包括游戏中的装备、道具、宠物等，Loot 可以解决这个问题。

（3）地点。地点即游戏发生的场景，也就是地图或者由地图生成的空间，Crypts and Caverns 的目标就是解决这个问题。

无论是 2D 游戏还是 3D 游戏，都需要从地图开始构建，3D 游戏实现了在 2D 平面上增加凸凹和墙壁。在 Crypts and Caverns 中已经内置了一些可以使用或忽略的额外元数据，如门和兴趣点等。

在一般情况下，开发者想要构建一个链上游戏，必须从头开始创建所有内容，如地图、角色、敌人、物品、战斗系统等。Crypts and Caverns 致力于为游戏开发者提供一个可组合、可扩展、可链上互操作的地图系统，使得开发者可以专注于游戏其他板块的建立，从而降低链上游戏的开发难度。

| 第 19 章 |

未来无限，构建元宇宙基石

人类社会迈进元宇宙已经成为不可避免的趋势，而虚拟现实等技术仅能够提供元宇宙的外层设施。元宇宙作为新的社会文明形态，需要新的价值内核，NFT 将扮演这一重要角色。

19.1 新底层承载新世界

元宇宙的形成有两种方式：自上而下和自下而上。

自上而下指的是中心化的"超市"模式，由中心化巨头构建平台，采用完全自建或自建+开放结合的模式填充内容，然后吸引用户进入。巨头提供平台服务，从中获得利润。

自下而上指的是去中心化的"夜市"模式，开发者和创作者自发性地聚集，并形成包括大量共识用户在内的社区。这种平台不属于任何公司，由社区共同拥有并用 DAO 进行治理。

当前的元宇宙建设中，两种方式并行。自上而下的方式进展迅速，正在抢占市场。自下而上的方式进展缓慢，但是具有茁壮的生命力。未来，两种方式一定会发生交融。然后，自上而下的方式逐渐被用户抛弃，自下而上的模式将完全主宰整个元宇宙。

在自下而上的元宇宙建设过程当中，NFT 将扮演重要的角色。现实宇宙是由不同的分子组成的物体构成的，而元宇宙的虚拟世界是由不同的 NFT 组成的。在虚拟世界中，NFT 可以是土地、房子、树木，也可以是宠物、人物，还可以是构成人物的基因组。

Loot 范式开启了可组合 NFT 时代，使得 NFT 除视觉效果外，具有了新的应用功能。NFT 可以为元宇宙的构建提供底层的链上数据，并与链上的其他应用进行互操作，这一点保证了虚拟现实平台在本源上具备了去中心化的特性，为元宇宙新世界的建设提供了基础。

19.2　新组织造就新文明

除未来可期的链上扩展在元宇宙机构构建方面的应用外，NFT 当前在 PFP、艺术、收藏等领域的积极应用正在催生新型的商业模式、文化体系、价值载体和治理形式，这些新生事物将共同塑造元宇宙时代的新文明。

1. 新商业模式

自 BAYC 开始，受 CryptoPunks 启发而诞生的一系列 PFP 项目不满足于艺术价值，积极探索项目 IP 带来的附加价值。

CryptoPunks 作为首个被大众认可的链上 PFP 项目，其艺术价值和开创性使其具备了特殊的历史价值，即使其开发团队 Larvalabs 不做任何营销或者运营行为，CryptoPunks 的共识也丝毫不受影响。CryptoPunks 的共识是去中心化共识，是稳固的共识。

对于 2021 年诞生的以 BAYC 为首的一系列 PFP 项目来说，由于没有像 CryptoPunks 一样的历史价值，只能另辟路径来提升自身价值。它们通过建立项目 IP，打造共识社区，发展周边产业甚至线下商业的方式为项目获得持续不断的价值。

BAYC 的商业模式是一种用 NFT 驱动的新型社群经济，它们通过发行 NFT 建立 IP，然后通过名人加持、品牌联名等方式扩大社群，最终通过庞大的社群产生正向的经济反馈。这是一种基于 NFT 产生的新的商业模式。

2．新文化体系

NFT 推动了数字艺术的发展，使得艺术品从实物世界转移到了虚拟世界，在虚拟世界建立一个新的文化体系。

首先，NFT 改变了艺术的展现形式。NFT 将实物世界的物理艺术品变得数字化，让其能够存在于虚拟世界中。NFT 基于区块链技术，解决了艺术品的唯一性问题，让数字艺术品可以像实物艺术品一样保证稀有性。同时，NFT 相对于实物艺术品更好地明确了艺术品的所有权且便于流转。

其次，NFT 改变了艺术的创作方式。生成艺术让技术与艺术融为一体，带来了创作方式的变革，艺术家不再仅仅依赖手绘完成艺术品，而是可以通过编写程序代码来完成创作。更重要的是，生成艺术所需要的代码直接存储在区块链上，包含在智能合约中，而且，生成的艺术品同样存储在区块链上，完全无须采用哈希上链或者 IPFS 等分布式存储方式。生成艺术早已存在，NFT 将生成过程直接搬到了链上，开创了一种新的艺术形式。

通过对艺术的重新定义，NFT 推动和建立了元宇宙世界新的链上文化体系。

3．新价值载体

NFT 最大的价值在于创造了时间稀缺性，从而使得数字收藏品成为可能。通过数字收藏品的广泛应用，NFT 创造了新的价值载体。

从法币本位到 Token 本位，再到 CryptoPunks 本位，

一些大众眼中激进的先知者甚至用 CryptoPunks 的数量来衡量他们的财富。从这个意义上讲，NFT 已经成为一种新的价值载体，像现实世界的黄金一样，成为虚拟世界的价值锚定物。

4．新治理形式

DAO（去中心化自治组织）并非因 NFT 而诞生，但是 NFT 促进了 DAO 组织的发展，并推动了 Web 3 应用的兴起，而 DAO 组织为未来的元宇宙带来了新的治理形式。

真正的元宇宙必然是开放的、去中心化的甚至是开源的。对于开放式组织的治理，必须使用开放的治理形式，而 DAO 是一个最佳选择。

DAO 是一个围绕共识形成的组织，该组织通过在区块链上实施的一组共

享规则进行协作，最终实现组织的共同目标。

相对于传统公司而言，DAO 更加透明，因为任何人都可以查看 DAO 中的所有协作活动和资金流向，从而大大降低了商业舞弊风险。虽然上市公司必须提供经独立审计的财务报表，但股东只能了解组织的财务状况，而且财务报表存在作假的可能。DAO 与此不同，DAO 的资产负债状况存储在区块链上，任何一笔交易都完全公开透明。

因此，DAO 在 NFT 的赋能下将成为未来元宇宙当中最主要和最普遍的组织治理新形式。

后　记

在本书撰写过程中，NFT 发展日新月异，因此，书中难免存在不足之处，欢迎各位读者批评指正。关于 NFT 的最新思考，将陆续发布在笔者的自媒体上，供大家学习。

NFT 是一个具有极大发展潜力的新生事物，所以，在当前肯定存在大量的炒作和投机，互联网、电子商务等新兴概念在最初出现时均是如此。炒作和投机新兴概念是人性使然，人们往往在短期内高估一项事物，而在长期低估一项事物。

作为多年的加密领域从业者，笔者深刻认识到，短期投机与赌博无异，即使是专业的短期交易者，也很难获得最终的成功。时间越短，确定性越差，因此，交易越频繁，失败率可能越高。如何提高确定性呢？只有一种方式，那就是拉长时间，通过增加时间来提高确定性。NFT 在未来十年是必然的趋势，但是，如果判断下一个小时某个项目的状况，则有一千种可能。所以，我们要做时间的朋友，让时间带给我们复利。

必须声明的是，本书中不包括任何投资建议。本书只是客观介绍一些具有代表性和历史意义的 NFT，目的在于学习研究和交流。

区块链技术发展日益成熟，Web 3 已经是可以预见的必然会到来的未来，它将深刻改变当前互联网巨头独大的格局。与此同时，NFT、DeFi、DAO 蓬勃发展，新事物信息的洪流喷涌而来，让我们猝不及防。因此，一定要把握时代机遇，快速提升认知水平。要知道，当今社会比拼的不仅是学历，还有学习力。

不管人们是否相信，NFT 一定是未来十年最具有发展潜力的行业之一。愿我们一起同行，共同创造一个新的世界！

编 委 会

通证一哥　通证朋克社区发起人

韩巍　易数加数藏空间创始人

王乾　德龙控股集团总裁、Web 3 投资人

吴忌　中国管理科学研究院　工商管理师

岳翔　北方工业大学　法律硕士（非法学）

推荐语

每隔一段时间，就会出现一个新的技术大潮，彻底地改变人类社会。而每次大潮出现，总会有一批幸运儿，在他们自己的人生阶段，正好要进行他们的职业选择，从而和这股大潮造就的新世界合拍。他们需要一些优秀的领路人，帮助他们进入这个新的世界，安营扎寨，开始创造。通证一哥就是这样一位了解这片土地的领路人。他用这本《NFT：从虚拟头像到元宇宙内核》，梳理了NFT的历史和现状，绘就一张"新世界"的地图，并且无私地和大家分享。期待他能够帮助这个时代的幸运儿们，了解、熟悉这片土地，最后开始在这片土地上建造起自己的高楼大厦。再过二十年，当这个"新世界"成熟，从现在的蛮荒走向基础设施一应俱全，反过来影响到我们的日常生活的时候，我们都应该感谢像通证一哥一样的早期的"布道者"的努力。

百姓网创始人 王建硕

从元宇宙视角来看，NFT即数字资产和内容本身，以及所有者的各项权益证明，而它又是一段程序，有丰富的玩法和形态。正如本书标题所描述的，NFT是元宇宙/Web 3的基石，基于区块链技术实现了物流、价值流、信息流三流合一，保证了元宇宙价值体系的高效运转。本书阐述了NFT的基础原理，以及各种应用场景和创意玩法，回顾了NFT的发展历史，并展望未来。通证一哥作为CryproPunks中国社区的早期发起人之一，是NFT领域的OG，对NFT有着深刻的理解。本书是通证一哥继《元宇宙时代》之后的又一力作，建议大家一读。

B站Web 3创新/高能链开放平台负责人 王炜煜

虚拟头像即人们口中的头像类PFP项目，在众多NFT赛道率先爆火。原因也很明了，头像类NFT为持有人提供了广阔的使用和展示场景。从推特、Discord、到国内的微信，用户头像就是普通人性格态度的虚拟象征。Web 3底层的"拥有"属性，更为简单的头像赋予了内在价值。

加密朋克并不是最早的 NFT，同期有艺术、链游、卡牌等众多 NFT。但是，加密朋克在一轮牛熊下来得以率先"出圈"，自然值得 web 3 信仰者尤其是 NFT 创业者深入研究。通证一哥是中国很早一批朋克持有者，对 NFT 的演变和发展历程有深刻见解，期待通证一哥的新书把更多读者带入 NFT 的浩瀚宇宙。

华语 Cryptopunks 社区发起人 NIC 梁友琛

Cryptopunks 是 NFT 早期很好的用例。每个朋克都是独一无二的，具有可识别的特征，并且可以在免费市场上买卖。Cryptopunks 的交易历史可以可视化，买家/卖家在达成交易之前来回出价，所有这些都在链上进行。这些属性启发了我们今天所知的 NFT 的 ERC-721 规范。

Cryptopunks 是我接触到的第一个 NFT 项目，当时的 Discord 有很多非常聪明的人，他们不仅对加密朋克充满热情，而且对链上数字资产和所有权充满热情。我坚信 Cryptopunks 的价值，不是因为它们是 NFT，而是因为它们创造了数字收藏品的典范。

通证一哥是早期的 Cryptopunks hodler，为全球 Cryptopunks 社区的发展做出了突出贡献，同时也是 NFT 行业的佼佼者，他的新书《NFT：从虚拟头像到元宇宙内核》值得一读。

Cryptsncaverns 项目创始人 Threepwave

参 考 文 献

赵甲. 通证设计[M]. 厦门：厦门大学出版社，2020.